IÉTÉ GÉNÉRALE POUR LA FABRICATION DE LA DYNAMITE

Procédés de A. NOBEL, Paris, rue d'Aumale, 17

Vial

LA
DYNAMITE

SES CARACTÈRES ET SES EFFETS

NOTICE
SUR LA GOMME EXPLOSIBLE

PARIS

TYPOGRAPHIE A. LAHURE

9, RUE DE FLEURUS, 9

1878

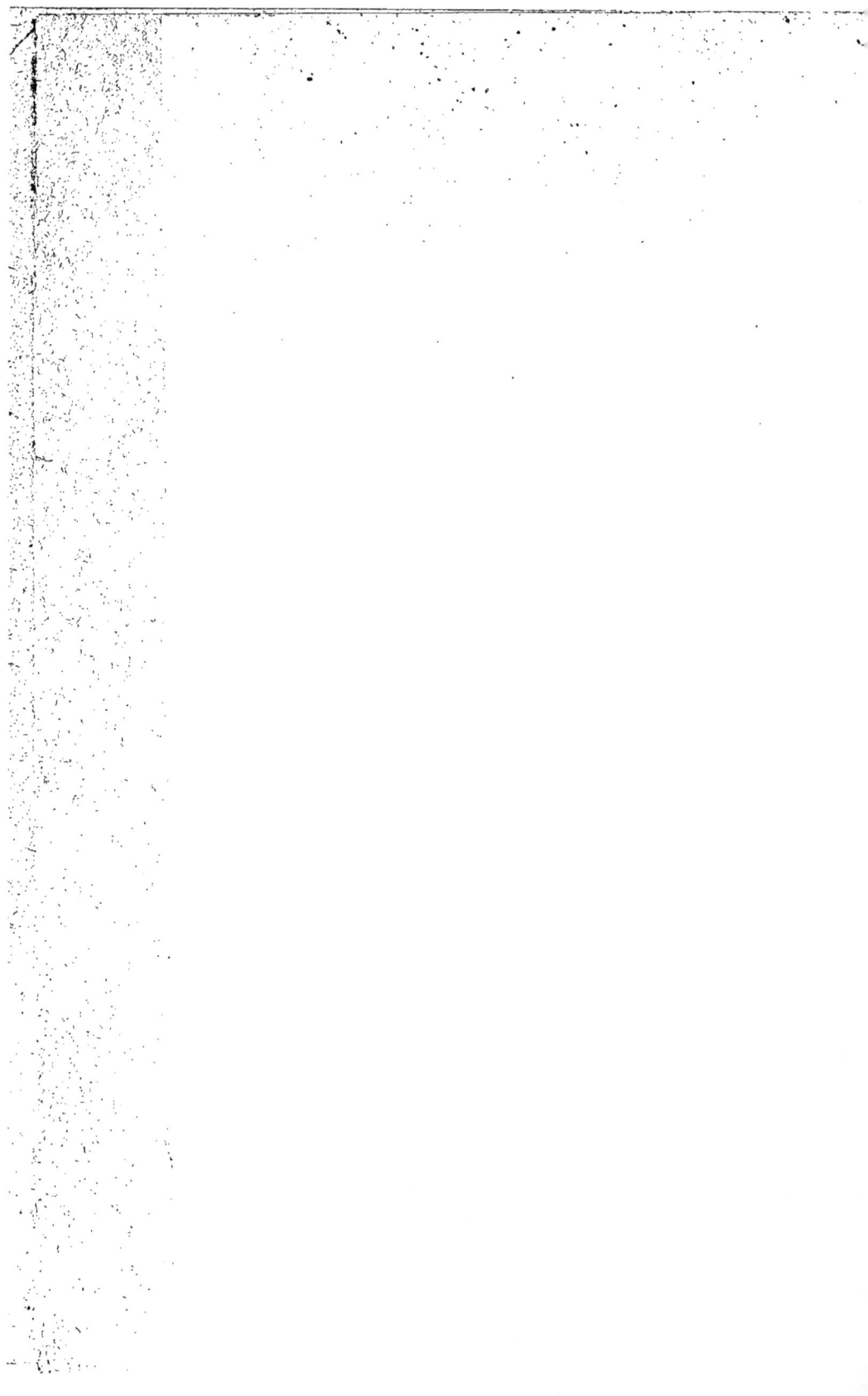

LA

DYNAMITE

SES CARACTÈRES ET SES EFFETS

PARIS. — TYPOGRAHIE LAHURE
Rue de Fleurus, 9

SOCIÉTÉ GÉNÉRALE POUR LA FABRICATION DE LA DYNAMITE

Procédés de A. NOBEL, Paris, rue d'Aumale, 17

LA

DYNAMITE

SES CARACTÈRES ET SES EFFETS

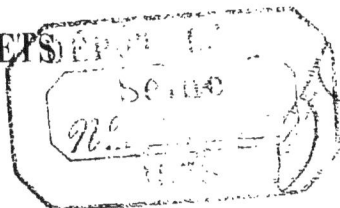

NOTICE

SUR LA GOMME EXPLOSIBLE

PARIS

TYPOGRAPHIE A. LAHURE

9, RUE DE FLEURUS, 9

1878

INTRODUCTION.

En présentant aujourd'hui au public cette nouvelle publication, dans le but de répandre la connaissance des propriétés des composés explosifs
désignés sous le nom de dynamite, et d'en indiquer les meilleurs modes d'emploi, nous appelle-
rons l'attention sur un point de vue de la question
qui nous paraît devoir exercer une influence capi-
tale sur l'avenir de ces explosifs.

Si l'on consulte les ingénieurs, les entrepre-
neurs de travaux publics, en un mot, tous les
hommes spéciaux, on est frappé de l'unanimité
de leur opinion sur les avantages de toute nature
que présente l'emploi de la dynamite, avantages
qui sont aussi bien la conséquence de la sécurité,
que de l'économie. Pourquoi donc l'usage de cette

matière est-il encore assez limité? Pourquoi n'a-
t-elle pas remplacé entièrement l'ancienne poudre
de mine qui ne présente que de rares avantages
dans les travaux de sautage? Nous ne posons pas
seulement cette question pour la France, où cette
industrie n'est en quelque sorte née que d'hier, mais
pour tous les pays qui nous environnent, qui,
mûrs de l'expérience d'une dizaine d'années, de-
vraient être bien autrement avancés.

La réponse à cette question n'est pas douteuse.
Si la consommation de la dynamite a pris déjà un
développement considérable, il n'est pas moins
certain que la consommation eût atteint bien d'autres proportions, sans les entraves que les gouvernements ont mis à sa propagation. Les Compagnies de chemins de fer et les grandes entreprises
e transport, enchérissant sur ces entraves, la
nouvelle industrie s'est trouvée dans l'impuis-
sance de se développer, et le consommateur mis en
défiance contre l'emploi de ces matières, ne les a
adoptées qu'avec une extrême réserve.

Faut-il cependant rendre uniquement l'Administration responsable de cette situation, aussi fâ-
cheuse pour les intérêts privés que pour l'intérêt
général et économique de l'industrie? Nous ne le
croyons pas; et puisque l'erreur a été si générale,

c'est que la question, dès l'origine, a été mal posée.

En effet, la dynamite, en donnant à ce nom son acception la plus étendue, comprend tous les explosifs dérivés de la nitroglycérine. Or, si la dynamite proprement dite, c'est-à-dire les premiers composés de nitroglycérine mis en circulation par l'inventeur Nobel, présente des garanties de sécurité que personne ne conteste, en est-il de même de tous les autres composés? Certainement non. Il n'est donc pas exact de dire, sans restriction, que la dynamite est un produit d'une sécurité suffisante, devant occasionner dans le cours des transports, de la conservation et de l'emploi moins d'accidents que la poudre noire et les autres explosifs. Cette thèse soutenue par les premiers propagateurs de cette substance qui n'avaient en vue que les produits préparés sous le contrôle de Nobel, a tourné à son détriment. Le public ne faisant pas le plus souvent de dictinction entre ces produits et les grossières contrefaçons qui les ont suivis, les a tous enveloppés dans un même sentiment de défiance. L'Administration l'a suivi. Les entreprises de transport, heureuses d'avoir un motif pour éloigner des produits inquiétants, ont refusé leur concours, et la dynamite, au moment

où les hommes spéciaux se plaisaient à en pré-
coniser l'emploi, s'est ainsi vue de fait entravée
dans la plupart des États.

Ce n'était cependant là qu'un malentendu. Car
ce n'était pas à proprement parler la dynamite
qu'il fallait proscrire, mais bien tous les composés
parasites qui, fabriqués avec négligence, sans
soin, quelquefois même sans connaissance, allaient
être bientôt une cause permanente d'inquiétude
pour la sécurité publique.

Alors parurent, en Angleterre, la loi de 1875 sur
les explosifs ; en France, le règlement du 24 août
de la même année. En Allemagne, l'opposition des
Compagnies de chemins de fer persistait avec une
nouvelle force.

Il était facile de prévoir que des restrictions
trop sévères iraient à l'encontre du but que s'é-
taient proposé leurs auteurs. En Angleterre, les
chemins de fer refusent de transporter la dynamite et toutes les dépositions s'accordent, comme
on peut le voir dans les enquêtes publiques, pour
déclarer qu'il circule constamment de cette matière, dans les bagages des voyageurs. En France
le règlement du 24 août, aggravé par la résistance
des chemins de fer, rend le commerce de la dynamite presque impossible, et les produits de con-

trebande envahissent immédiatement les chantiers.

On est revenu aujourd'hui à une appréciation
plus exacte de la question, et le nouveau règlement pour le transport de la dynamite par les chemins de fer, montre bien que les ingénieurs émi-
nents dont il émane, ne se laissant plus égarer
par des craintes imaginaires, ont compris que ce
n'était point la dynamite qu'il fallait détourner de
la circulation; mais que ce qu'il fallait obtenir
par tous les moyens, c'est que ces matières ne
fussent préparées, emballées, et enfin mises entre les mains du public que par des fabricants
compétents, consciencieux et obligés par un contrôle incessant à s'assujettir à toutes les précautions qu'exigent de pareilles matières.

Nous avons le ferme espoir que l'initiative in-
telligente prise par les ingénieurs français, sera
suivie dans les autres pays; qu'elle sera comprise
aussi bien par les partisans que par les détrac-
teurs de la dynamite, de manière que la question
étant aujourd'hui placée nettement à son véritable
point de vue, il soit bien entendu de tous, qu'il
s'agit de donner toute facilité de circulation et
d'emploi, non pas à une dynamite quelconque,
mais uniquement aux dynamites qui, bien fabri-

quées et bien emballées, présentent toutes les garanties qu'on peut raisonnablement exiger d'une
matière explosive.

Comment arriver à ce résultat ?

Sera-ce au moyen d'instructions multiples et
minutieuses, prescrivant les procédés de fabrication, la composition des mélanges, les modes
d'encartouchage, d'emballage, etc. ? Nous croyons
que ce serait une grave erreur. La matière est
nouvelle et perfectible. Nul n'est en état d'indiquer aujourd'hui ce qui peut se faire de mieux
demain.

Certainement il est dans le rôle de l'Administration de fixer, au moyen de règlements, certaines
limites ou d'indiquer quelques précautions géné-
rales : mais là doit se borner son action ; aller au
delà, c'est entraver malheureusement le progrès.
Qu'il soit prescrit, par exemple : que les mélanges
mis en circulation ne présentent pas de réaction
acide susceptible de rougir le papier de tournesol;
que le degré de saturation de la matière absorbante ne soit point dépassé, de manière qu'il ne
puisse pas se produire une exsudation inquiétante
de nitroglycérine; que les récipients dans lesquels
sont enfermées les cartouches soient suffisamment
étanches; que les caisses ou barils d'emballage

soient assez solides pour résister aux transports,
etc. : des prescriptions de cette nature seront facilement comprises et utilement imposées à tout
fabricant. Nous ne comprenons pas, au contraire,
que s'immisçant dans les détails de la fabrication,
l'État impose telle composition, ou telle manière
de procéder. C'est vouloir fermer la porte au progrès.

Il est de la dernière importance, d'autre part,
que toutes les prescriptions relatives à des ques-
tions de cette nature émanent de l'Administration
centrale.

Les autorités locales sont, ou indifférentes ou
soumises à tous les préjugés qui résultent de
l'ignorance ou de la peur. Nous trouvons en
Angleterre un exemple des graves inconvénients
qui peuvent résulter en pareil cas du manque de
centralisation.

Le gouvernement du Royaume-Uni a édicté
en 1875 une nouvelle loi sur les matières explosives. D'après cette loi, les formalités à remplir
pour établir des dépôts de dynamite sont en général confiées aux autorités locales; quant aux règlements relatifs aux mouvements des matières,
tels que les transports et les transbordements,
ils sont le fait des Compagnies qui doivent les

effectuer, telles que les autorités des ports, ou les Compagnies de canaux et de chemins de fer.

Or, du rapport fait par les inspecteurs généraux MM. Majendic et Ford, sur l'exercice de cette loi, en 1876, il résulte nettement : que les autorités locales sont le plus souvent indifférentes ou ignorantes de leurs attributions; que les Compagnies particulières, telles que les Sociétés de canaux et de chemins de fer, se placent toujours au point de vue le plus étroit, n'envisageant que leur comvenance du moment et négligeant entièrement les intérêts généraux, même ceux qui dans un avenir plus ou moins éloigné doivent tourner à leur profit. Enfin la multiplicité des règlements a amené une confusion qui touche quelquefois au grotesque. On peut citer, comme exemple, les autorités du port de Leith, ayant inséré dans leur règlement que les chevaux conduisant une voiture chargée de matières explosives devaient être munis de chaussons ; que les conducteurs de ces voitures ne devaient avoir que des vêtements sans poches et sans boutons, mais qu'ils devaient être porteurs d'un certificat constatant qu'ils n'étaient point sujets à l'ivrognerie, etc.

Enfin, est-il réellement efficace de contrôler ces matières une fois qu'elles sont en circulation et n'est-il pas beaucoup plus simple et plus sûr de faire ce contrôle au départ? Dans ce cas, un agent autorisé et muni d'instructions suffisantes, s'assure que toutes précautions nécessaires sont bien remplies, il refuse la sortie à toute matière préparée ou emballée avec négligence. Quant à celles qui sont dans de bonnes conditions, il les couvre de la garantie ou tout au moins du contrôle de l'Administration.

Il est évident qu'une usine de fabrication s'assujettissant à ce contrôle présente par cela seul de grandes garanties. C'est donc certainement là le moyen le plus simple et le plus efficace pour arriver à ce résultat si désirable d'assurer à la dynamite une circulation facile, sans compromettre la sécurité publique.

Le seul reproche que l'on puisse faire à cette manière de procéder est l'exclusion presque forcée qui en résulte pour l'importation des matières fabriquées à l'étranger; mais cette difficulté n'existerait plus si pareille mesure était adoptée par tous les gouvernements, et nous pensons qu'une administration qui prend chez elle ce soin et cette responsabilité est en droit de l'exiger chez les autres. Ne perdons pas de vue du reste l'intérêt majeur qu'a tout pays de développer et de protéger l'industrie indigène des matières explosives, au point de vue de la défense nationale.

Il n'y a donc aucune objection sérieuse à appliquer à la dynamite le contrôle de l'État. Ce contrôle existe déjà pour d'autres matières. Appliqué aux chaudières à vapeur, par exemple, et au gaz d'éclairage, il a certainement garanti la France des accidents sans nombre que nous avons vus se produire dans les pays de liberté sans contrôle. Nous ne doutons pas que son influence soit tout aussi efficace pour la dynamite, et nous espérons que cette mesure, en donnant au public tous les gages de sécurité qu'il peut désirer, assurera en même temps l'avenir d'une substance si nécessaire aujourd'hui à l'industrie des mines et aux entreprises de travaux publics.

L. R.

LA DYNAMITE

SES CARACTÈRES ET SES EFFETS

CHAPITRE I.

Opinion des personnes les plus compétentes
sur la dynamite.

Pétition au ministre des Travaux publics, par les ingénieurs des mines de la Société de l'Industrie minérale (Bulletin de la Société, séance du 21 octobre 1877).

« Monsieur le Ministre,

« Les soussignés, concessionnaires, directeurs et ingénieurs des mines des départements du Gard et de l'Hérault, ont l'honneur de prier le gouvernement de vouloir bien prendre en sérieuse considération la requête qu'ils viennent lui présenter relativement au transport de la dynamite par les compagnies de chemins de fer. Douée de remar-

quables propriétés brisantes, cette poudre est devenue, pour l'industrie des mines, un outil de première nécessité par l'économie qu'elle apporte
dans ses travaux et surtout par la rapidité vraiment
extraordinaire qu'elle permet de leur donner.

« C'est ainsi que son emploi, joint à celui de la
perforation mécanique, a permis à plusieurs des
exploitants du Gard de terminer de très-longues
galeries en un temps cinq ou six fois moindre
qu'il ne l'eût été avec le seul emploi de la poudre
ordinaire. Or, cet avantage vous paraîtra d'une
importance immense si vous voulez bien considérer
que les gisements voisins de la surface s'épuisent,
et qu'il faudra souvent, désormais, aller chercher
leur prolongation sous les morts-terrains, à des
distances que les anciens moyens ne permettraient
d'atteindre qu'au terme d'un nombre d'années dé-
cevant.

« En outre, la dynamite offre aux ouvriers mineurs une sécurité très-grande, bien plus grande
que la poudre ordinaire. Depuis six ans que son
emploi s'est répandu dans les mines du Sud-Est,
on ne pourrait vous citer un seul accident qui lui
soit attribuable.

« Aussi la consommation de la dynamite a-t-elle
pris rapidement, ici, une réelle importance, comme

vous pouvez en juger par les chiffres suivants, relatifs aux seuls départements du Gard et de l'Hérault :

Année 1871	1.181	kilog.
— 1872	5.745	—
— 1873	2.838	—
— 1874	7.157	—
— 1875	18.198	—
— 1876	27.986	—

« Ce produit si utile et si sûr, à l'emploi duquel est subordonné le développement des richesses souterraines du pays, les compagnies de chemins de fer se refusent à le transporter.

« L'arrêté ministériel de 20 août 1873 n'admet au transport par chemin de fer que la dynamite provenant des manufactures de l'État; or l'État a cessé sa fabrication.

« Cette situation oblige les soussignés de faire venir la dynamite par voie de terre ou par voie d'eau, de fabriques fort éloignées de leurs centres industriels, et vous devez comprendre, monsieur le Ministre, quelle gêne et quelle incertitude en résultent pour les approvisionnements.

« Si les quantités consommées sont faibles, ce transport grève le prix de revient d'une façon exorbitante ; si, au contraire, on consomme beau-

coup, il faut, pour ne point être pris au dépourvu,
commander longtemps à l'avance des quantités
considérables, en sorte que le danger que les compagnies de chemins de fer éloignent d'elles se
trouve, en fait, aggravé par la durée du séjour sur
les canaux et les routes et par l'importance des
stocks.

« Cette exclusion paraît d'autant moins justifiée
aux soussignés, qu'antérieurement au décret du
21 décembre 1872, qui a établi le monopole de l'État,
les chemins de fer transportaient la dynamite des
particuliers sans qu'il en fût résulté aucun
accident.

« Les soussignés ont l'honneur, monsieur le Ministre, de vous prier instamment de vouloir bien
prendre intérêt à la situation qu'ils viennent de
vous exposer, en mettant les compagnies de chemins de fer en demeure de transporter à l'avenir
la dynamite sur toutes les lignes de leurs ré-
seaux. »

Opinion des ingénieurs des mines sur les *fumées* de la dynamite.
(Séance du 11 avril 1874.)

Au sujet des inconvénients de la fumée de la dynamite, MM. Devilloine et Griort maintiennent ce qui a été dit précédemment et l'accentuent davantage encore : maintenant que les ouvriers, aux mines de Montrambert, sont bien habitués à la dynamite, ils n'éprouvent aucun inconvénient du fait de la fumée, et l'on peut même dire qu'elle est moins fatigante que la fumée sulfureuse de la poudre ordinaire.

M. Grille parle dans le même sens; dans le creusement du puits neuf de la Chana, où il emploie depuis trois ans la dynamite, et dont la profondeur est maintenant de 300 mètres, il n'y a pas de moyen d'aérage, et cependant les ouvriers ne se plaignent pas du tout des inconvénients de la fumée.

Déposition de M. Abel devant la Commission d'enquête instituée
par la Chambre des communes d'Angleterre.

« ... Pour le transport, je considère que pour de
petites quantités, la dynamite est certainement
d'un transport plus sûr que la poudre, à moins
qu'on n'adopte pour cette dernière des précautions
très-rigoureuses. Le liquide n'étant plus exposé à
s'échapper des emballages, depuis que la dynamite
est mise en cartouches, condition qu'il faut bien
spécifier et qui a été adoptée depuis quelques années, c'est un élément de sécurité. Mais, quand je
dis qu'elle est, en petites masses, moins dangereuse à transporter que la poudre, je dois faire
observer que je n'applique cette observation qu'à
la dynamite parfaitement fabriquée. Tel est le
cas de la dynamite connue spécialement sous le
nom de dynamite n° 1 de Nobel, composée de
Kieselgurh et d'une proportion déterminée de nitroglycérine telle qu'il a été démontré par des
expériences faites avec beaucoup de soin que dans
les conditions ordinaires elle n'est point exposée
à exsuder.

« Pour l'emmagasinage, nous n'avons que peu

d'expérience sur la stabilité de la nitroglycérine comparée à celle de la poudre, il est donc difficile d'avoir une opinion absolue sur cette matière; mais pour la possibilité d'un accident, soit par le feu, soit par négligence dans les magasins, je dois dire que, pour de petites quantités, comme de 1 à 3 quintaux de dynamite, cette matière offre plus de sécurité que la poudre, parce qu'étant encartouchée et pliée, elle est moins susceptible de se répandre sur le plancher; elle est moins facilement enflammée par une allumette; enfin, si elle brûle en petite masse, elle fuse lentement et ne détone pas; mais s'il y a une masse de 5 à 600 livres, il y a grand danger d'explosion, si toutefois le feu pénètre à travers l'emballage de la dynamite.

« Pour les usages ordinaires des mines, la dynamite offre plus de sécurité que la poudre; elle est moins susceptible de se répandre et d'être enflammée par une étincelle et, quoiqu'elle soit dans certaines conditions plus facile à enflammer par le choc que la poudre, elle supporte mieux, et sans exposer à des dangers un emploi difficile.

« Les éléments du danger qui n'existent pas pour la poudre sont dans la facilité qu'ont les composés de nitroglycérine à se geler. Je croyais autrefois,

avec beaucoup d'autres personnes, parce qu'il était
arrivé beaucoup d'accidents avec la nitroglycérine
gelée, que la matière était plus sensible à la détonation dans cet état qu'à l'état liquide. C'était
une erreur; néanmoins la matière gelée est plus
susceptible de produire un accident, par deux rai-
sons, d'abord parce qu'on se méfie moins; ensuite
parce qu'il faut la dégeler pour s'en servir et que
l'on emploie souvent pour cela des moyens dangereux. »

G. de Hamm. — La dynamite, sa composition, ses effets. — Opinion erronée qu'on entretient sur les dangers qu'offre son emploi (*Journal de l'Agriculture*, de Barral, novembre 1877).

La glycérine, produit chimique tiré de la plupart des corps gras, se transforme, comme on le
sait, au moyen de l'acide nitrique fumant et de
l'acide sulfurique, en nitroglycérine. Cette substance, d'un caractère explosif tel qu'on n'en pouvait calculer les effets, avait été depuis longtemps
rejetée du domaine de la pratique, en raison des
dangers presque toujours imminents auxquels

exposait son emploi, de quelque façon qu'on vou-
lût s'en servir.

M. Alfred Nobel, Suédois, à la fois ingénieur et
chimiste distingué, l'inventeur proprement dit de
la dynamite, fut le premier qui réussit à enlever à
la nitroglycérine son caractère dangereux, tout en
lui conservant sa force d'explosion dans toute son
efficacité. La dynamite, qui n'est autre chose que
la nitroglycérine, domptée et dressée pour ainsi
dire, par un long et laborieux travail de perfectionnement, au point de pouvoir prendre place dans
nos usages domestiques, est le fruit des efforts de
M. Nobel, et c'est à lui seul que le mérite incontestable en est dû. On l'obtient ordinairement par
l'alliage de la nitroglycérine avec des substances
solides absorbantes, ou plutôt l'y répartissant en
quantité voulue suivant l'usage qu'on veut en faire.
D'abord, on se servit dans ce but de substances si-
liceuses (terre fossile); subséquemment, on a fait
usage avec plus ou moins de succès d'une quantité d'autres matières, telles que la sciure de bois,
la cellulose, c'est-à-dire le bois dépouillé de ses
substances chimiques (dont on se sert, par exemple,
pour la fabrication du papier), le sucre, etc., etc.;
et on a donné à la dynamite ainsi préparée les
noms les plus divers suivant l'usage auquel on la

destinait. Mais toutes ces préparations ne sont dans leur essence que des dérivés de la dynamite inventée par M. Nobel, laquelle a conservé jusqu'ici entre toutes le premier rang, qui lui est également assuré pour l'avenir par son degré inimitable de perfectionnement et les moyens légaux dont s'est entouré l'inventeur pour en empêcher la contrefaçon. Toutefois, depuis que la dynamite, en raison de son efficacité comme substance explosive, est devenue d'un usage qui va toujours s'augmentant, sans qu'on puisse savoir à quel degré d'importance elle arrivera plus tard, on en est arrivé à ne plus s'astreindre rigoureusement à la formule originaire : nitroglycérine 75, matière absorbante 25, mais on apporte dans sa composition des changements rationnels basés principalement sur l'emploi qu'on en veut faire. Est-ce à dire, comme beaucoup semblent le croire, que de quelque manière qu'elle soit composée, la dynamite est toujours la dynamite ? Non. Il y a, au contraire, une grande variété d'espèces dans ce genre de fabrication ; aussi est-il nécessaire de bien prendre en considération le but qu'on se propose dans le choix qu'on veut en faire, car il ne serait pas difficile de citer maintes expériences qui ont échoué précisément parce qu'on n'y avait pas apporté toute la réflexion voulue. Si, d'ailleurs, on n'est pas en état de former soi-même un jugement sur une matière aussi sérieuse, la meilleure chose qu'on ait à faire est de recourir aux avis d'un homme expérimenté dans les travaux des mines.

Ce qui tient encore l'opinion publique en quelque sorte sur la réserve au sujet de l'emploi de la dynamite, bien qu'elle soit d'un usage très-fréquent parmi les industriels, c'est l'idée exagérée qu'on se fait du danger qu'il y a de s'en servir et des précautions extraordinaires dont il faut s'entourer. Il y a là une erreur qu'il convient avant tout de dissiper; car, s'il est vrai qu'avec la dynamite comme avec toutes les substances explosives, on doive s'entourer de mesures de prévoyance, il n'en est pas moins certain que les précautions à prendre avec la poudre de mine et la poudre à canon sont encore beaucoup plus grandes. Avec ces dernières substances, la moindre étincelle qui entre en contact avec elles suffit pour produire une explosion, tandis que la dynamite bien préparée, au lieu d'éclater en pareil cas, brûle tranquillement et sans bruit, comme une de ces pièces d'artifice que la pyrotechnie fait brûler sous nos yeux sans le moindre danger.

Une autre erreur qu'on s'est plu à répandre sur

la dynamite, c'est qu'elle fait explosion au moindre choc ou au plus petit coup qui lui est porté. La vérité est qu'au contraire, cette substance (toujours en la supposant bien conditionnée) peut supporter, surtout lorsqu'elle se trouve en grande quantité, des chocs assez violents et produits de diverses manières; ce n'est que lorsque, distribuée en couches minces, elle se trouve placée sur une surface plane et dure qu'un coup pesant peut la faire éclater; et cela est si vrai, qu'une cartouche chargée de dynamite peut être cassée en deux, coupée avec un couteau, frappée rudement avec un morceau de bois, sans qu'on ait la moindre crainte à éprouver. J'ai moi-même assisté plus d'une fois à de semblables épreuves, et je dois dire qu'à voir la sécurité avec laquelle agissent ceux qui ont l'habitude de manier cette substance tant calomniée, on sent s'évanouir bien vite les craintes exagérées qu'on avait conçues tout d'abord.

En outre, la dynamite peut supporter une température de 60 degrés centigrades [1]; ce n'est qu'au delà de ce chiffre que commence le danger, et si même alors une quantité déterminée de cette

1. La dynamite peut en réalité supporter une température beaucoup plus élevée, sans péril; mais il n'y a aucun intérêt, dans la pratique, à dépasser celle de 50 à 60 degrés.

substance prend feu, elle continue de brûler tranquillement à moins que la masse se trouvant à côté ne vienne à être échauffée par la flamme au delà de 60 degrés centigrades, car c'est alors qu'une explosion a lieu, mais d'une si terrible façon qu'en moins d'un instant elle peut se faire sentir à 10 000 mètres à la ronde. La dynamite à l'état ordinaire étant hygroscopique [1], c'est-à-dire renfermant une certaine quantité d'eau, il en résulte qu'elle peut geler à une température assez basse ; dans cet état on ne saurait l'employer; il faut qu'elle ait été préalablement dégelée et ramollie à la chaleur avant qu'on puisse s'en servir, et cette manipulation, confiée à des mains inhabiles a, plus d'une fois déjà, causé de grands malheurs, en ce que des ouvriers imprévoyants et inexpérimentés approchent trop près du feu des masses de dynamite ou les posent à plat sur des fourneaux chauffés, ou bien encore essayent de les casser en morceaux au moyen de la hache ou d'une cognée.

Toutes ces diverses manières d'opérer, basées 'sur la légèreté d'esprit et l'ignorance des gens,

----

1. Il y a là une erreur. La nitroglycérine, huile explosive, gèle à une température très-supérieure à celle qui amène la congélation de l'eau, 7 à 8 degrés C°.

donnent lieu à nombre d'accidents qui sont ensuite attribués, comme de juste, au caractère dangereux de la dynamite qui, à la vérité, n'est pas plus dangereuse et l'est peut-être moins qu'aucune autre matière explosible. La seule précaution particulière qu'on ait à prendre, en dehors des mesures de prudence qu'exige en général le maniement de ces substances, est, autant que possible, de ne pas exposer de petites parties de dynamite disposées en couche à un frottement quelconque entre deux corps durs, de ne pas laisser cette matière, même au soleil, s'échauffer outre mesure, et de ne lui point faire subir une pression qui soit assez forte pour faire sortir la nitroglycérine du corps absorbant dans lequel elle se trouve renfermée, ce qui naturellement lui restituerait son caractère dangereux primitif. Une fois ces précautions prises, lesquelles, comme on le voit, ne comportent absolument rien d'extraordinaire en elles, la dynamite peut se conserver en magasin et être transportée de toutes les manières possibles sans qu'il en résulte le moindre danger. Aussi le transport par chemin de fer en est-il permis, et non-seulement aucun accident n'est venu jusqu'ici y mettre obstacle, mais le ministre du commerce d'Autriche a même déclaré déjà en 1869, qu'à son avis le transport de la dynamite offrait moins de dangers que beaucoup d'autres substances explosibles en usage dans ce temps. Lors de l'explosion effroyable qui coûta la vie à tant d'hommes dans le port de Brême, en 1875, un cri général se souleva contre l'emploi de la dynamite; on fit même près des Sociétés de chemin de fer et des gouvernements des démarches sérieuses, afin que la dynamite fût rayée de la classe de marchandises que les Compagnies sont tenues de transporter. Mais le gouvernement d'Autriche et celui d'Allemagne, ne confondant point les ravages que peut causer en tout temps et en toute occasion une main criminelle, avec un danger permanent qui n'existait pas, et se plaçant, d'ailleurs, au point de vue de l'économie générale, refusèrent leur sanction à une mesure qui, sans ajouter rien à la sûreté publique, eût porté une atteinte grave aux intérêts représentés par la production des matières premières, aussi bien qu'à l'industrie et aux moyens mêmes devant servir à la défense du pays.

L'explosion de la dynamite n'a lieu d'une façon certaine et avec tout son effet, que lorsqu'elle est elle-même précédée d'une autre explosion, c'est-à-dire que lorsqu'au moyen d'un mouvement rapide, un rayon de flamme, ayant une grande intensité, frappe la masse de dynamite et en produit simultanément la décomposition en fluide. Aussi, l'explosion des cartouches chargées de dynamite s'est-elle effectuée jusqu'à présent au moyen de capsules, dont la substance inflammatoire se compose de mercure fulminant à divers degrés de grenage; aussitôt que cette capsule est introduite dans la cartouche, il se comprend qu'on doive redoubler de précaution.

La dynamite, économie et sécurité de son emploi, par M. Isidore Trauzl. Vienne, 1876.

(Extrait.)

1° *Économie résultant de l'emploi de la dynamite.*

Les dynamites sont des explosifs dans lesquels la substance explosive, connue sous le nom de nitroglycérine, est absorbée par des corps poreux qui en font varier l'effet. Quoique introduites dans le commerce depuis dix ans à peine (1867), elles sont aujourd'hui préparées dans vingt fabriques en activité, dont quelques-unes égalent en production les fabriques de poudre les plus importantes. Le développement de la consommation en a été si rapide que la production des seules usines de Nobel s'est élevée en 1875 à 80 000 quintaux, et l'on peut assurer qu'elle atteindra 100 000 en 1876.

Ce chiffre représente un quart de million de quintaux de l'ancienne poudre noire, et l'importance de ce chiffre résulte de ce fait que la fabrication annuelle de la poudre s'élève, pour les quatre grandes puissances militaires du continent, à un demi-million de quintaux.

Voici quelques chiffres montrant l'importance économique de l'emploi de la dynamite :

A chaque quintal de dynamite consommée correspondent moyennement 20 ou 30 klafter cubes de roches. Ainsi, actuellement, au moyen de la dynamite, il est extrait annuellement deux à trois millions de klafter. Ce travail compte au moins, par klafter cubique, 20 reichsmarks. La dynamite épargne, par rapport à la poudre, au moins 25 pour cent, soit 5 marks par klafter ; par conséquent, la substitution de la dynamite à la poudre rapporte un bénéfice de dix à quinze millions de reichmarks, soit par l'exploitation plus économique des houillères, soit par la construction moins onéreuse des tranchées et tunnels [1].

Voici ce que dit l'éminent ingénieur, Franz Rziha,

1. Le klafter cube vaut 144 mètres cubes ; le reichsmark vaut 1 fr. 25.

dans un mémoire récemment publié sur la construction des tunnels : « Nous appelons maintenant
l'attention sur le nouvel explosif, la dynamite, qui
a été introduit dans la pratique par les ingénieurs
autrichiens, MM. Trauzl, Lauer et Pischoff. Cet
explosif est aujourd'hui indispensable. M. Pischoff
a prouvé par ses essais que, à poids égal, la dynamite valait de trois à quatre fois la poudre, et
que l'économie faite sur la main-d'œuvre dans
le forage des trous de mine allait de 33 à 45 pour
cent. Dans de nouvelles expériences faites en Allemagne et en Amérique, on a non-seulement re-
trouvé une semblable économie, mais encore dans
les mines de fer de Siezen, on a obtenu avec la
dynamite six à sept fois autant d'effet qu'avec la
poudre. »

La *Revue officielle des mines, forges et salines
dans l'État prussien* donne, dans le tome XX, un
aperçu de la valeur relative des divers explosifs : « Il a été fait des essais comparatifs sur la
force des divers explosifs composés avec la nitroglycérine et des poudres de mine, dans les mines
de fer de Hamm, sur le Siez, dans le canal supérieur du Rhin. Le degré de force des poudres a été
déduit du travail de rupture qu'elles ont effectué,
en se plaçant, autant que possible, dans les mêmes

conditions, avec des charges de poids égaux pour chaque explosif. La moyenne des essais a donné l'échelle de forces suivante [1] :

Poudre au salpêtre ordinaire................ 1
Poudre extra, avec dosage supérieur de salpêtre
   et charbon de bois de bourdaine, de L. Ritter,
   de Hamm...... 3
Lithofracteur. ....· 5
Dynamite................................. 6.7

Ainsi, des diverses préparations de nitroglycérine, la dynamite est celle qui, par sa grande énergie, a donné les meilleurs résultats. Pour les travaux dans les terrains humides, et spécialement pour le creusement des ponts, c'est un explosif indispensable.

L'économie directe d'argent que procure l'emploi de la dynamite, quelque grande qu'elle soit, n'est pas cependant la plus importante; l'avantage le plus considérable est dans l'économie de temps.

La rapidité du travail des mineurs et la réduction de temps employé à faire un travail dangereux diminue les pertes dans la vie et la santé de nombreux travailleurs.

---

1. Ces chiffres, comme ceux donnés précédemment, pour comparer la force des divers explosifs, sont purement théoriques. Ils ne représentent pas la moyenne des effets obtenus dans la pratique.

L'emploi de la dynamite permet, moyennement, une réduction dans la main-d'œuvre de 20 à 30 pour cent. Les capitaux énormes engagés dans les mines et les houillères peuvent, par le moyen de puits ou de galeries plus profonds, trouver plus rapidement à couvrir leurs frais d'établissement. L'exploitation peut souvent être commencée un an ou deux plus tôt qu'avec la poudre. On comprend donc l'immense bénéfice que l'emploi de la dynamite procure dans l'économie générale, sans qu'on puisse cependant l'exprimer par des chiffres.

Il est plus facile de calculer, au moins approximativement, l'économie que l'emploi de la dynamite amène dans la main-d'œuere.

L'extraction de 1000 klafter cubiques de roches exige, en moyenne, environ le travail de cent hommes pendant une année. Si la masse rocheuse enlevée aujourd'hui par la dynamite l'était par la poudre, il faudrait deux à trois cent mille travailleurs. La dynamite épargnant en moyenne 25 pour cent de la main-d'œuvre, c'est donc environ cinquante à soixante-dix mille hommes qui sont ainsi soustraits annuellement à un travail qui compromet leur vie et leur santé.

Cette influence si importante de la sécurité re-

lative que présente l'emploi des nouveaux explosifs serait illusoire si, par le fait, le nombre des
accidents malheureux était plus grand avec la dynamite qu'avec la poudre. Nous examinerons tout
à l'heure cette question.

Nous ne parlerons pas ici des autres avantages
qui résultent de la substitution de la dynamite à
la poudre, comme la facilité de sautages sous
l'eau, le peu d'inconvénient que présentent dans
les galeries les gaz provenant de l'explosion, la
possibilité de briser les grosses masses de fer, enfin l'emploi dans les travaux agricoles, et notam-
ment pour les défrichements et pour la culture
profonde des terres.

La dynamite est en même temps un puissant
engin de guerre et a été introduite par la plupart
des États dans le matériel des armées. La dynamite, comme le coton-poudre, occupe une place
importante dans l'art des torpilles.

2o *Sécurité de l'emploi de la dynamite.*

Les avantages économiques que présente l'emploi de la dynamite ne sont-ils pas compensés
par de plus grands dangers dans la fabrication,
la conservation, l'emploi, et, en dernier lieu, dans

le transport de cet explosif? Examinons d'abord
la fabrication.

Depuis qu'on fabrique de la dynamite (une dizaine d'années environ), on compte dans toutes les
fabriques réunies à peu près vingt accidents ayant
coûté la vie à quarante ou cinquante hommes.
Ce chiffre est certainement important et regret-
table; mais il faut tenir compte que cette industrie
est récente, et que l'expérience seule peut indiquer
les moyens les plus efficaces de conjurer les dangers; on peut le voir par ce qui se passe dans les
nouveaux établissements qui profitent de l'expérience acquise.

Si on compare, du reste, la fabrication de la dynamite à celle de l'ancienne et séculaire poudre
noire, on voit que celle-ci n'est pas moins exempte
de dangers.

Quelques chiffres vont le démontrer.

Dans les fabriques allemandes et autrichiennes
de la maison Nobel, on a introduit depuis trois
ans les méthodes de fabrication les plus perfection-
nées. Elles ont produit depuis ce temps 80 000 quintaux de dynamite, correspondant à 300 000 quintaux de poudre (100 000 par an). Dans cette période, il y a eu deux accidents ayant entraîné
mort d'hommes. En Angleterre, où la fabrication

de la poudre est parfaitement comprise, où elle est réglementée très-sévèrement par les arrêts du Parlement, il y a eu, de mai 1858 à mai 1870 (période de douze ans), vingt-neuf grandes explosions dans les fabriques de poudre, dont plusieurs ont sacrifié la vie d'un grand nombre d'hommes. Telle fut, par exemple, celle arrivée en 1870 dans les usines de l'Argelyshire, qui fit trente-neuf victimes, L'énumération la plus récente des accidents de cette nature se trouve dans le rapport de M. Brigden, membre du Parlement, pour les années 1868, 1869 et 1870 dans l'Angleterre seulement (l'Écosse et l'Irlande n'étant pas comprises). Il y a eu pendant cette période, dans les fabriques de poudre, vingt-quatre explosions ayant tué trente-sept personnes et blessé dix-neuf. Il faut bien remarquer que dans ce nombre ne sont pas comprises les personnes victimes d'explosion en dehors des fabriques. Le total de la poudre fabriquée en Angleterre représente comme force la même quantité que la production de dynamite des nouvelles fabriques. Il résulte donc de ces chiffres que le danger de fabrication de la poudre noire surpasse de beaucoup celui de la dynamite, quand celle-ci est préparée régulièrement.

Le tableau suivant, extrait d'un rapport du major

Majendie, montre la quantité énorme d'accidents
qui arrivent dans les établissements où l'on mani-
pule les explosifs. Il comprend tous les accidents
arrivés dans les fabriques d'Angleterre (l'Écosse
et l'Irlande ne sont pas comprises) pendant les
années 1868, 1869 et 1870 :

Nature des établissements.	Nombre d'explosions.	Tués.	Blessés.
Fabrique de poudres..........	34	37	19
— de munitions........	6	63	45
— de capsules et fulmi-nate......................	3	»	3
Fabrique et magasin d'artifices.	15	19	12
Divers..	6	10	6
Total.................	64	129	85
Moyenne par année.....	21 1/3	43	28 1/2

Pour 1871, la liste du major Majendie, quoique
encore incomplète, indique 14 explosions, avec
36 morts; le nombre des blessssés est inconnu. En
1872, 28 explosions avec 46 morts et 32 blessés.
Il faut comparer ces chiffres avec ceux des accidents occasionnés par la fabrication de la dynamite; on pourra alors seulement porter un jugement certain sur le danger relatif des nouvelles
préparations.

La sécurité dans la fabrication est du reste pour

le public beaucoup moins importante que la sécurité dans le transport. C'est cette question qu'il faut examiner mûrement.

En 1869, les propriétés de la dynamite furent examinées sur l'invitation du président des cantons suisses, par MM. Belley, Kundt et Pestalozzi. Le résultat de leurs recherches se résume de la manière suivante : « La dynamite enflammée par un « charbon ardent ou par une flamme, brûle sans « explosion, lorsqu'elle n'est pas enfermée ou « qu'elle n'est pas en grande masse. Il y a danger « d'explosion lorsqu'une couche mince de l'explosif « est placée entre deux corps métalliques, au mo- « ment d'un choc; mais lorsqu'il est emballé « dans des caisses, on peut le soumettre aux plus « rudes épreuves, sans qu'il y ait explosion. Enfin, « pour des essais faits sur une petite échelle, la « dynamite n'est point enflammée et ne fait point « explosion par l'étincelle électrique. »

Des essais tout spéciaux sur cette matière ont été entrepris dans ces derniers temps.

Dans des expériences très-suivies, le comité militaire de Vienne a trouvé que la dynamite pouvait être portée, sans inconvénients, à 60° centigrades. Les essais des comités militaires du Danemark ont démontré que la dynamite pouvait être con-

servée pendant plusieurs années, sans changement dans ses propriétés. Des expériences ont
montré que le choc, comme la chute d'une caisse
de dynamite tombant d'une hauteur de 100 à 130
pieds sur un rocher, ne produirait pas d'explosion ; la vitesse de chute de la caisse étant dans
ce cas environ le double d'un train express. La
commission d'expérience anglaise s'exprime de la
manière suivante : « L'expérience a montré, qu'à
la température habituelle, la dynamite peut supporter des chocs très-violents et que cette matière
ne ferait point explosion, exposée au rude maniement et aux violentes secousses qui se présentent habituellement dans les transports. » (Rapport du comité spécial, 9 décembre 1873, Cᵉ Youn-
ghusband.)

Dans des expériences spéciales, faites pour dé-
terminer l'action du feu, des masses de 50 et 100
livres ont brûlé sans explosion, étant emballées
comme d'ordinaire. De plus grandes masses placées dans le feu n'ont fait explosion qu'après quelques minutes, de sorte que, dans ce cas même,
les personnes auraient eu le temps de se retirer.

Le comité militaire technique à Vienne, qui a
entrepris les expériences les plus complètes et les
plus rationnelles sur la dynamite, s'exprime ainsi,

au sujet du transport : « Les comités techniques
« et administratifs ont fait depuis quatre ans les
« essais les plus concluants avec l'explosif dyna-
« mite, tant sur la fabrication que sur la conser-
« vation et le transport (par essieu, par chemin
« de fer et par mer, sur la Baltique). Ils ont con-
« staté que le transport de cet explosif, aux tempé-
« ratures ordinaires (jusqu'à 60°), est entièrement
« sans danger, qu'il peut supporter les actions
« mécaniques les plus violentes sans faire explo-
« sion et qu'il ne détone pas par une flamme, sans
« l'action de la capsule. » Déjà, plus de deux ans
avant, le ministre du commerce autrichien avait
motivé, ainsi qu'il suit, le transport de la dynamite par chemin de fer (décret du 14 novembre
1869) : « Depuis que de nouveaux essais ont été
« faits sur les propriétés explosives des dynamites,
« les craintes que l'on avait conçues pour l'envoi
« par la poste et le chemin de fer ont diminué, et
« il a été pleinement démontré par les nouveaux
« essais que le transport de la dynamite est beau-
« coup moins dangereux que celui des autres
« explosifs qui sont dans le commerce, de sorte que
« le ministre du commerce a retiré le décret du 15
« décembre 1868, pour y substituer celui du 30 oc-
« tobre 1869, autorisant le transport de la dyna-

« mite par chemin de fer avec les précautions
« suivantes (suivent les précautions). »

La meilleure preuve du peu de danger que présente le transport de la dynamite est dans la pratique de ces dix dernières années. Nous avons dit qu'il avait été fabriqué pendant ce temps, dans les deux usines de Nobel, environ un quart de millions de quintaux, représentant en force un million de quintaux de poudre. Cette quantité énorme a été transportée, soit par mer, en Amérique et en Australie, sur les tropiques, soit en chemin de fer, ·en Suède et en Autriche, soit par essieu dans les pays les plus éloignés, comme pour la construction du Pacifique; elle a été confiée à tous les moyens de transport possibles et a été exposée aux épreuves les plus rigoureuses; on sait cependant que jusqu'ici il n'y a pas eu un seul accident pendant le transport.

Les accidents occasionnés par la dynamite ayant eu lieu surtout pendant la saison froide, ne doivent-ils pas être attribués à une propriété particulière de la dynamite gelée? Un examen attentif de la question montre que les accidents ont presque toujours lieu par des imprudences commises dans l'opération du dégel de la dynamite. Dans certain cas, la dynamite gelée est partie par le choc d'un instrument en fer, mais la dynamite molle eût fait encore plus facilement explosion dans ce cas.

Si l'on compare, du reste, le nombre d'accidents arrivés, pendant l'emploi, avec la dynamite et avec la poudre, on voit que le nouvel explosif donne une sécurité bien plus grande.

En Angleterre, l'explosion de la poudre dans les mines, pendant les années de 1864 à 1870, a causé moyennement la mort de 29 2/3 personnes. Le nombre de blessés a dû être relativement considérable, car dans une seule année on trouve 3 tués et 27 blessés. Ce nombre ne comprend pas les accidents causés par l'inflammation du gaz provenant de l'explosion de la poudre, et qui, comme le constatent les rapports des inspecteurs, doivent être très-nombreux.

En Prusse, le nombre moyen des personnes tuées dans les mines par l'action des explosifs a été de 22 dans les années de 1868 à 1873. En 1873, spécialement, le nombre est de 34. L'emploi de la dynamite, en réduisant le travail manuel, réduira en même temps la quantité de victimes.

Toutes les recherches théoriques et tous les résultats de l'expérience démontrent que la dynamite et la nitroglycérine, à l'état gelé, présentent

moins de danger qu'à l'état mou. Il est extrêmement difficile de produire l'explosion de la dynamite gelée par les moyens que l'on emploie pour
la dynamite molle. Cette difficulté est telle qu'elle
est un empêchement pour l'emploi de la dynamite
dans les usages militaires; elle a donné lieu à de
longues études de la part des comités militaires
autrichiens, pour trouver un moyen sûr et pratique de faire détoner la dynamite gelée. Les expériences des comités spéciaux ont montré en dernier lieu ce résultat, que, tandis que la dynamite
molle placée contre une plaque de tôle fait explosion par le choc de la balle d'un fusil à une distance de 1000 pas, la dynamite gelée ne fait
explosion qu'à une distance de 60 pas. Les expériences des officiers de l'artillerie royale et du
professeur de Beckerhinn, à l'Académie militaire
technique, ont démontré d'une manière définitive
l'insensibilité relative de la dynamite gelée (nitroglycérine rectifiée). Ce dernier a montré que l'on
peu couper, briser ou lancer avec force contre un
mur, de la nitroglycérine gelée, sans qu'il en résulte d'explosion.

La démonstration la plus évidente de la sécurité
que présente la dynamite gelée est dans le fait
même de son transport. La dynamite gelant à

partir de $+ 8°$, et même assez rapidement, il est probable que dans les 4 millions de quintaux qui ont été transportés, depuis qu'on emploie cette matière, il y en a eu un quart environ transporté à l'état gelé. Dans beaucoup de pays, tels que la Suisse, la Norvége, la Finlande, l'Écosse, la dynamite est la plus grande partie de l'année dans cet état. Cependant, il n'est jamais arrivé d'accidents malheureux pendant les transports. En Amérique, au tunnel de Howsac, on a employé pour les sautages beaucoup de nitroglycérine pure, sans mélange d'absorbants.

Le transport de cet explosif liquide a montré, là comme ailleurs, qu'il était fort dangereux. L'expérience ayant montré que l'explosion n'avait pas lieu, quand l'explosif était gelé, même avec une forte capsule de fulminate, le fabricant, sir Mowbray, a utilisé cette propriété. Il fait geler artificiellement la nitroglycérine et la transporte alors comme un bloc de glace. Plus de 25 000 livres ont été transportées sous cette forme, par les plus mauvais chemins, dans les États de New-Hampshire. Vermont, Massachusset, dans les mines de charbon et dans la région de l'huile en Pensylvanie, sans qu'il soit arrivé aucun accident.

En Russie, État où la question de sécurité pour

la dynamite gelée présente le plus grand intérêt, il a été formé l'année dernière une commission pour étudier la préparation, le transport, le commerce de la dynamite, etc. La conclusion de la commision a été d'autoriser le transport de la dynamite.

Une autre opinion très-répandue dans le public, qui s'applique aussi bien au coton-poudre qu'aux composés de la nitroglycérine, est relative à la propriété qu'auraient ces matières de se décomposer spontanément, propriété qui pouvait être la conséquence d'une conservation prolongée sous les influences habituelles de l'atmosphère, comme celles qu'on rencontre dans la pratique, d'où peut résulter l'inflammation et éventuellement l'explosion spontanée.

On sait que telle a été d'abord la réputation du coton-poudre, et elle a été la cause, qu'en Autriche, après des essais qui ont duré plusieurs années, et qui ont coûté des sommes énormes, on a subitement renoncé, non-seulement à l'emploi du coton-poudre, mais encore à la conservation des munitions de guerre existant en magasin.

Pour la nitroglycérine, qui par sa constitution et ses propriétés présente beaucoup d'analogie avec le coton-poudre, on a voulu faire le même reproche en lui attribuant un naturel instable, d'où pouvait résulter l'inflammation et par suite l'explosion spontanée, et on a étendu ce reproche à la dynamite.

Il est démontré aujourd'hui que ces reproches ne peuvent s'appliquer qu'à des matières dont la préparation a été faite avec une grande négligence. Tout prouve au contraire la stabilité des matières bien fabriquées.

Voici les résultats obtenus dans le laboratoire du comité militaire autrichien, à la suite d'une série d'essais rationnels sur la conservation de la dynamite bien fabriquée.

1° La dynamite peut, à la température habituelle, se conserver au moins quatre ou cinq ans, sans éprouver aucun changement qui puisse la rendre d'une nature dangereuse, ni influer sur la qualité de l'explosif.

2° Une bonne dynamite peut, pendant des semaines entières, demeurer à la température de 50° et 70° centigrades sans exsuder ni se décomposer. Elle supportera donc, sans décomposition aucune, la plus haute température à laquelle elle puisse se trouver soumise pendant le transport et pendant la conservation.

3° A la température ordinaire (jusqu'à 60° c.) on

n'a pas obtenu de décomposition de la nitroglycérine, lorsqu'on la mélange avec une matière
inflammable et inexplosible (le chlore, l'ammo-
niaque, l'eau, etc.), mais cette décomposition peut
avoir lieu avec de la nitroglycérine mal purifiée;
ou si elle est mélangée avec des matières en décomposition.

On peut tirer de ces expériences la conclusion
que pour de bonnes dynamites, une inflammation
spontanée pendant le transport et même pendant
une longue conservation n'est nullement à craindre. Des millions de kilogrammes soumis à toutes
les températures ont été transportés et conservés,
sans qu'il se soit produit un seul fait de décomposition.

Mais en admettant tous ces faits et par suite la
sécurité que présente la dynamite pour les transports, relativement aux autres explosifs, il reste
l'objection que, lors même que ces faits seraient
hors de doute, il serait toujours possible que la
dynamite faisant explosion pendant le cours d'un
transport, il s'en suivît un désastre considérable.

Cette objection ne peut être atténuée, par la raison qu'il est absolument impossible d'empêcher
de pareils désastres de se produire. Puisqu'on ne
peut empêcher la vente et le transport de la dy-

namite, on ne peut empêcher que dans l'emploi elle ne manifeste de terribles effets. Une catastrophe à la Bremerhaven est toujours possible. En Russie, où la violation du monopole des poudres entraîne la déportation en Sibérie, il s'était établi, dans ces derniers temps, à Moscou, une fabrique de nitro-glycérine dans une savonnerie, et le produit était répandu dans le pays comme cirage. Une formi-dable explosion, qui coûta la vie à plusieurs hom-mes, la fit découvrir. Presque toutes les catastro-phes arrivées avec la nitroglycérine, comme on le sait pour celle de Bremerhaven, sont arrivées par suite d'envoi sous fausse déclaration. Que la dy-namite ne puisse être mise en vente et transpor-tée sans que la circulation ne soit entourée de toutes les garanties nécessaires, et il n'y aura dès lors aucun inconvénient ! Le docteur Bauer, pro-fesseur à l'institut agronomique de Hohenheim, dit, dans un rapport sur la dynamite, qu'en Alle-magne la plus grande partie est envoyée sous fausse déclaration. Le major Majendie, à la com-mission des explosifs, dit qu'il est certain que, non-seulement la prohibition absolue, mais les difficultés excessives, telles que les tarifs trop élevés, sont pour les substances explosives les causes de nombreuses fausses déclarations. On ne peut mettre en doute, dit-il, que souvent l'adversaire le plus obstiné du transport de la dynamite par chemin de fer a la chance d'avoir à son côté, dans le convoi, un commis-voyageur en dynamite avec son coffre garni de cette marchandise; ce sont ceux qui ont imposé pour le transport par chemin de fer des règles tellement draconiennes qu'on ne peut s'y soumettre, qui sont en définitive les principaux auteurs de ces fausses déclarations.

Une fois la nécessité reconnue de la préparation et du transport de ces explosifs, il ne s'agit plus que de trouver les moyens de faire ces opérations dans les conditions qui garantissent le mieux la sécurité publique. Il importe tant au législateur qu'au public que la vie des hommes et que la propriété ne soient pas compromises par l'explosion de ces matières, aussi bien dans un train de chemin de fer que sur la place publique. Il faut donc adopter les règles les plus précises pour que, pendant tout le cours du transit, les chances de sécurité soient les plus grandes possible, mais en établissant les règles il faut les appliquer à tous les moyens de transport.

CHAPITRE II.

Caractères de la dynamite. — Variétés. — Emploi.

CARACTÈRES.

La dynamite se présente en général sous la forme d'une matière pulvérulente, grasse et plastique ; dont la densité varie de 1. 5 à 1. 6.

La puissance d'une dynamite étant proportionnelle à sa densité, on ne doit considérer comme dynamites de qualité supérieure que celles dont la densité est de 1. 6 ou du moins s'en rapproche. Telles sont les dynamites Nobel, quelle qu'en soit la variété.

La couleur de la dynamite dépend de la nature des matières qui ont servi à absorber la nitroglycérine. Il n'y a rien à conclure de ce caractère.

Un caractère commun à toutes les dynamites est
de brûler simplement au contact d'une flamme ou
d'un corps en ignition sans faire explosion. Il faut,
par conséquent, quand on emploie la dynamite,
éviter abolument de l'enflammer. On produit l'explosion de la dynamite au moyen d'une capsule au
fulminate de mercure. Au moyen de ce détonateur
auxiliaire, l'explosion de la dynamite est telle
qu'elle peut être dans certains cas employée à l'air
libre et sans bourrage. Ainsi une cartouche d.; dynamite placée librement au-dessus d'une plaque en
fer épaisse, la perce ou la coupe en faisant usage
de la capsule. Dans de grandes profondeurs d'eau
où il serait difficile et onéreux de pratiquer des
trous de mine, on fait détoner les charges de dynamite placées simplement sur les roches. C'est
le procédé que l'on emploie habituellement pour
arraser les roches sous-marines, approfondir les
ports.

La vitesse de la détonation sur une masse de
dynamite enflammée au moyen d'une capsule est
de 6000 à 10000 mètres par seconde.

VARIÉTÉS.

Les matières absorbantes que l'on associe à la nitroglycérine, pour la transformer en dynamite, sont de deux natures. Les unes servent simplement de véhicule à l'huile explosive et forment les dynamites à *base inerte ;* les autres sont des matières analogues à la poudre et unissent, pendant la détonation, leur action à celle de la nitroglycérine ; on a par ce moyen les dynamites à *base active.*

DYNAMITE N° 1.

Le type le plus répandu et le plus parfait des dynamites à base inerte est la dynamyte n° 1 de Nobel. Il est formé de 75 p. 100 de nitroglycérine et de 25 p. 100 d'une silice naturelle qui jouit d'un pouvoir absorbant énorme. Cette silice est formée de carapaces d'infusoires ; ces petites cellules sont très-solides et présentent une grande résistance au choc et à la pression : aussi retiennent-elles admirablement l'huile explosive, et la dynamite ainsi préparée, malgré son haut titre, donne-t-elle toute garantie contre l'exsudation.

DYNAMITE 0.

On comprend encore dans les dynamites à base inerte la dynamite 0, dans laquelle l'absorbant est la cellulose, c'est-à-dire une pâte de bois réduite par une série de préparations à la matière cellulaire à peu près pure. Elle est susceptible d'absorber de 70 à 75 pour 100 de nitroglycérine. La dynamite 0 a un peu plus de force, à poids égal, que la dynamite n° 1, mais, ayant moins de densité, la puissance, à volume égal, est à peu près la même, de sorte qu'il n'y a pas d'intérêt à l'employer, dans les circonstances habituelles, pour le sautage des mines.

La dynamite 0 est employée spécialement dans les sautages sous-marins, parce qu'elle est presque insensible à l'action de l'eau. La dynamite n° 1, composée d'éléments insolubles dans l'eau, ne redoute ni l'influence de l'humidité atmosphérique, quelque grande qu'elle soit, ni même le contact momentané de l'eau ; mais un séjour prolongé dans l'eau sépare mécaniquement la nitroglycérine de son absorbant. Dans la dynamite 0, il y a entre l'huile explosive et la cellulose une adhérence telle qu'une eau courante même ne sépare point les deux matières.

Cette propriété fait aussi préférer la dynamite 0, pour les usages militaires, les expéditions lointaines, etc.

Les dynamites à base active, composées avec une matière à poudre et de la nitroglycérine, sont extrêmement variées.

DYNAMITE N° 3.

Le type le plus répandu est celui connu sous le nom de n° 3 de Paulille. Il est formé d'une poudre binaire et de 20 à 25 pour 100 de nitroglycérine [1].

Cette dynamite, assez sensible à l'humidité, doit être toujours conservée dans des récipients hermétiquement fermés. L'usine de Paulille la livre dans des sacs en caoutchouc parfaitement imperméables, qui doivent être maintenus clos et

---

1. Les poudres binaires que l'on emploie dans cette fabrication doivent leur qualité à la présence de la nitroglycérine ; isolément, elles seraient impropres aux usages des mines.

dans un endroit sec jusqu'au moment de l'emploi.

Pour faire usage de cette dynamite dans l'eau ou dans les roches aquifères, il faut placer les charges dans des boîtes en zinc ou dans des gaînes en étoffe imperméable.

La dynamite n° 3 a environ les $\frac{2}{3}$ de la force du n° 1, ce qui est dans le rapport de son prix; mais les effets ne sont pas absolument les mêmes. Le n° 1, plus violent et plus brisant, convient spécialement pour exploiter les roches très-dures, briser les masses de fer, etc. Le n° 3, agissant avec plus d'expansion, est préféré quand on attaque des matériaux moins résistants, quand on veut ménager la pierre, faire de gros blocs, etc. Enfin on emploie de préférence le n° 3 dans les mines à grande charge, comme les mines en galeries, qui ont pour but de diviser et soulever d'un coup d'énormes masses.

DYNAMITE N° 2.

La dynamite n° 2 est une dynamite à base active, analogue au n° 3, mais plus riche en nitroglycérine; aussi sa puissance est-elle sensiblement égale à celle du n° 1; mais, contenant des matières solubles, elle ne convient pas aussi bien pour les terrains humides et aquifères[1].

DYNAMITE-GOMME.

Enfin l'industrie vient de s'enrichir, par une récente découverte de M. Nobel, d'une nouvelle espèce de dynamite, dite dynamite-gomme, ou gomme explosive, qui paraît devoir, dans un avenir prochain, se substituer entièrement à tous les autres explosifs. Cette dynamite, dont la puissance est égale à celle de la nitroglycérine pure, présente en outre des conditions de sécurité remarquables. Elle n'est plus formée, comme les autres, d'un simple mélange mécanique entre la nitroglycérine et l'absorbant, mais plutôt d'une combinaison entre les deux éléments, de sorte que toute chance d'exsudation ultérieure a disparu.

PROPRIÉTÉS. — ACTION DE LA CHALEUR.

La dynamite, comme la nitroglycérine pure, peut supporter impunément et fort longtemps une température de 50 et même de 60 degrés. Il est

1. Ces deux espèces de dynamite n° 2 et n° 3 peuvent néanmoins rester en contact avec l'eau, pendant quelques minutes (de 3 à 5, par exemple), sans perdre notablement de leurs qualités.

cependant toujours prudent de ne pas laisser
échauffer ces matières, car elles deviennent dans
ce cas plus sensibles aux chocs. D'autre part, si
la dynamite enflammée par les moyens ordinaires
brûle simplement, dans les circonstances habituelles, et en quantité peu considérable, on ne
peut garantir qu'il en soit de même quand elle
est en masse, ou quand le récipient qui la ren-
ferme présente une certaine résistance Il faut
donc toujours tenir la dynamite écartée des poêles,
cheminées, et de toute source de chaleur ou de
feu.

ACTION DU FROID.

La nitroglycérine gelant à 7 ou 8 degrés centigrades, la dynamite durcit et perd sa plasticité à
cette température. Dans cet état, elle est difficile
à employer, et il faut la dégeler. L'insouciance et
l'imprudence des ouvriers ont occasionné pendant cette opération de fréquents accidents. Ils
seront évités en n'employant jamais l'action directe du feu.

ACTIONS MÉCANIQUES.

La dynamite peut supporter sans danger des actions très-vives. Des coups violents de corps en

bois sur de la dynamite placée sur une surface très-dure, ne produisent pas d'explosion. Des cartouches de dynamite peuvent supporter des chocs entre des corps durs, comme la pierre ou le fer, sans faire explosion. Par contre, des couches minces de dynamite détonent sous l'action de chocs violents entre deux corps durs.

Bien emballée, la dynamite peut supporter les actions mécaniques les plus violentes. Aussi est-elle transportée, dans ces conditions, sur les chariots, wagons ou vaisseaux, sans qu'il soit jamais arrivé d'accident.

On peut couper les cartouches molles avec un couteau, ou raccourcir des cartouches dures et gelées avec un marteau en bois. Dans l'emploi, il faut toujours éviter le contact du fer, ou d'un métal dur et ne faire usage, dans les mines, que de bourroirs en bois.

ACTION DE L'ÉLECTRICITÉ.

On n'a pas d'exemple jusqu'ici de masses de dynamite enflammées ou ayant fait explosion par le fait de la foudre.

Dans les expériences de cabinet, on ne parvient

point à produire l'explosion de la dynamite par les plus fortes étincelles électriques. Le courant voltaïque n'amène qu'une décomposition partielle.

Néanmoins il est prudent, sous tous les rapports, de n'employer dans l'emballage de la dynamite que des substances non conductrices de l'électricité et d'exclure les récipients métalliques.

EFFETS PHYSIOLOGIQUES.

La nitroglycérine et, par suite, la dynamite, par son contact avec l'épiderme et surtout avec les muqueuses du nez ou de la bouche, produit des névralgies quelquefois assez violentes. Ces indispositions ne sont que passagères et disparaissent sans médicaments.

Le corps humain s'habitue assez rapidement à cette influence, et, au bout de peu de jours, les ouvriers employés à cette fabrication, peuvent brasser avec les mains et les bras nus les matières, sans que leur santé ait à en souffrir.

Les gaz provenant de la combustion simple de la dynamite sont très-fatigants et malsains. Une galerie de mine mal ventilée, dans laquelle des cartouches de dynamite auraient brûlé par suite de ratés ou d'autres causes, serait bientôt remplie de gaz irrespirables. — Au contraire, les gaz provenant de l'explosion de la dynamite, tout en ayant une odeur *sui generis* qui ne laisse pas que de surprendre les personnes qui n'y sont pas habituées, n'ont rien de malsain, et l'on s'y accoutume facilement.

Ces gaz sont loin d'être aussi suffocants que ceux de la poudre de mine. Ils permettent aux ouvriers de regagner leurs chantiers beaucoup plus rapidement, et l'on ne peut citer d'exemple de mineurs asphyxiés par les gaz de la dynamite, tandis que le cas s'est présenté d'ouvriers ayant péri par suite d'asphyxie produite par les gaz de la poudre, même pour des mines, fortement chargées il est vrai, tirées en plein air.

EMPLOI DE LA DYNAMITE.

Chargement d'un trou de mine. — La dynamite est livrée au commerce sous forme de cylindres enveloppés de papier parchemin et assez semblables à des bâtons de cosmétique. Chaque cartouche porte la marque de fabrique, garantie de

l'acheteur, et le nom de Nobel, inventeur de l'explosif.

Pour faire détoner la dynamite, on a besoin,
comme intermédiaire de l'explosion, d'une capsule
au fulminate puissamment chargée. Une mèche
de mineur fixée à la capsule met le feu au fulminate, lequel à son tour provoque l'explosion de la
dynamite.

Le chargement d'un coup de mine s'opère
comme il suit :

1ᵉ *Opération*. — On prend une longueur de
mèche de sûreté, calculée sur le temps qui doit
séparer la mise à feu de l'explosion, on l'arase
soigneusement avec un couteau tranchant ou un

outil spécial de manière à obtenir une section bien nette, et on l'enfonce dans une capsule jusqu'à ce qu'elle touche le fulminate.

On assure la mèche dans cette position, en serrant fortement le haut de la capsule vers ses bords avec une pince (fig. 1).

Fig. 1.

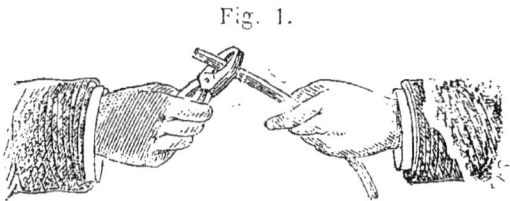

Cette précaution est indispensable, car on fixe ainsi la capsule à la mèche et de plus on augmente la puissance d'effet du fulminate.

Il faut cependant ne pas serrer outre mesure la capsule, cela pourrait interrompre la propagation de la flamme dans la mèche et causer un raté de mèche.

Pour l'emploi sous l'eau, il faut avoir bien soin de boucher avec de la graisse, du suif, de la poix ou de la cire, le joint existant entre les bords de la capsule et le corps de la mèche. On préserve ainsi le fulminate du contact de l'eau qui empêcherait son inflammation.

2ᵉ *Opération*. — On ouvre l'extrémité d'une cartouche, et l'on enfonce dans la dynamite jusqu'aux
deux tiers de sa hauteur la capsule munie de sa
mèche (fig. 2), de manière qu'une partie du tube

Fig. 2.

en cuivre soit encore visible. On rabat alors le
papier sur la mèche, et on le lie fortement avec
une ficelle, près de la partie extérieure de la capsule. La cartouche ainsi préparée s'appelle cartouche-amorce.

L'assemblage de la mèche et de la cartouche
doit être solide, afin que pendant le chargement
la capsule ne puisse pas se déplacer et sortir de
la dynamite.

Il est aussi important que la capsule, et non la
mèche, plonge dans la dynamite. Si la mèche, à
travers le tissu de laquelle le feu jaillit quelquefois, venait à enflammer d'abord la matière explosible, celle-ci pourrait brûler en partie avant l'explosion de la capsule qui se ferait dans le vide,

et l'on pourrait perdre ainsi une partie de la
dynamite et même avoir un raté.

3ᵉ *Opération*. — A l'aide d'un bourroir en bois,
on pousse, suivant l'importance de la charge, une
ou plusieurs cartouches enveloppées de leur papier jusqu'au fond du trou de mine. On écrase
séparément chacune d'elles avec le bourroir en
bois (fig. 3), de manière que la dynamite remplisse

Fig. 3.

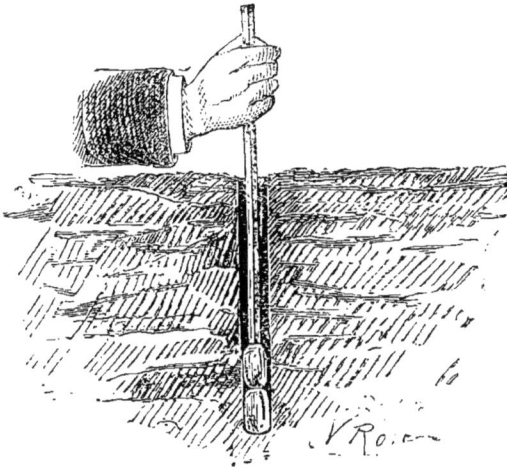

exactement tous les vides qui pourraient exister
dans le fond du trou de mine.

Il ne faut jamais employer de bourroir en métal
pour écraser les cartouches de dynamite.

4ᵉ *Opération*. — On conduit avec précaution, au

4

moyen d'une baguette ou du bourroir en bois, la
cartouche-amorce qui doit simplement reposer
sur la charge précédente. Elle ne doit jamais être
pressée ni écrasée. On verse alors du sable, de la
terre coulante ou de l'eau en guise de bourrage,
jusqu'à ce que le trou soit complétement rempli (fig. 4).

Fig. 4.

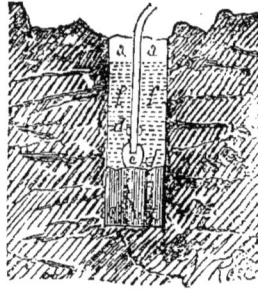

Une sage précaution consiste à faire précéder
le bourrage en terre, d'un tampon de papier, mais
seulement après avoir rempli les vides avec du
sable. En cas de raté, on débourre jusque sur le
papier, avec sécurité pour le mineur. Du sable
humide tassé légèrement avec le bourroir en bois
forme un excellent bourrage. Il ne reste alors
qu'à mettre le feu à la mèche.

Quand la disposition du trou de mine permet
le bourrage à l'eau, c'est le meilleur mode à em-

ployer. Il suffit de verser de l'eau dans le trou,
non-seulement l'opération est très-commode et
très-rapide, mais en cas de raté on n'a pas à débourrer. Il ne faut pas oublier de bien entourer
de graisse, cire, poix ou goudron, le joint de la
capsule et de la mèche, pour que l'eau n'arrive
pas jusqu'au fulminate, et on se sert de mèche à
tissu imperméable.

Quand on travaille complétement sous l'eau, on
doit employer la mèche gutta-percha, ou mieux
encore le sautage électrique qui permet de faire
partir simultanément un grand nombre de coups.

Fig. 5.

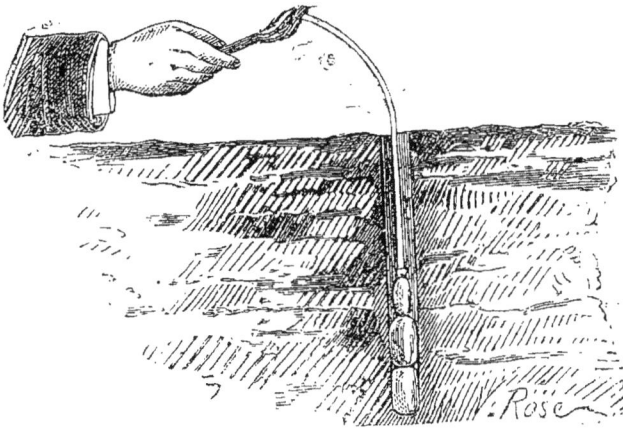

La figure 5 représente la mise à feu d'un coup
bourré à l'eau.

DYNAMITE GELÉE.

Si la dynamite est dure et gelée, on ne peut
ni introduire la capsule dans la cartouche-amorce,
ni garnir convenablement le trou de mine. Il faut
donc l'employer à l'état mou. — Pour la conserver
dans cet état, il faut la placer dans une caisse à
double paroi entourée de fumier. Si la dynamite est
gelée, on la ramène à l'état mou, en étalant les
cartouches sur des planches dans une pièce chauf-
fée à 18 ou 20 degrés. Pour conserver les cartouches gelées, au moment de l'emploi, les ouvriers
n'ont qu'à les tenir dans les poches de leur panta-
lon. C'est la méthode la plus habituellement employée et elle est sans inconvénient. Enfin pour
dégeler rapidement une certaine quantité de cartouches, on emploie le chauffage au bain-marie.
Il est absolument interdit de faire dégeler la dynamite par l'action directe du feu.

DES CAPSULES A DYNAMITE.

Ces capsules sont de différentes forces, simples,
doubles, moyennes, triples, etc. Elles contiennent

en général une quantité de fulminate de mercure variant de 0,20 à 0,50 grammes.

Il y a toujours avantage à employer une capsule forte : 1° parce qu'il est reconnu que plus la détonation initiale est puissante, plus l'effet de la dynamite est satisfaisant; 2° parce qu'en cas de séparation par suite d'un faux mouvement, de la capsule de la dynamite, l'explosion pourra encore avoir lieu avec une capsule forte, tandis qu'avec une amorce faible, on aura un raté et peut-être une simple inflammation de la charge.

En tout cas, il faut absolument préférer les capsules fortes et n'employer que des triples, ou tout au moins des moyennes, lorsqu'on fait usage de dynamite, à faible dose de nitroglycérine (n° 3 par ex.), lorsqu'on a à craindre que la cartouche-amorce éprouve dans le trou de mine un commencement de gelée; lorsqu'on emploie des dynamites à base active, contenant des corps solubles, dans des terrains humides.

DES RATÉS.

Les ratés proviennent des causes suivantes :

Mauvaise qualité des capsules ou des mèches ;

il faut les vérifier par des essais préalables en dehors du chantier. Insuffisance de force des capsules — même observation. Insuffisance du serrage des capsules sur la mèche ; mauvaise position de la capsule ; mouvement accidentel de la capsule. Pour éviter les inconvénients, il faut suivre exactement les prescriptions données.

Si le raté a eu lieu dans un trou bourré à l'eau, rien n'est plus facile que de réparer le mal, soit en retirant la cartouche-amorce au moyen de la mèche, soit en en descendant une nouvelle.

Si le trou de mine est bourré avec des matériaux solides, on peut essayer de débourrer avec précaution, jusqu'à demi-profondeur du trou, et en plaçant alors une forte cartouche amorcée, il est probable que l'on fera partir la charge du fond.

Enfin, si cette opération présente quelque difficulté, on fait un trou dans le visinage à 6 centimètres, par exemple, du précédent, et l'explosion de la nouvelle charge fait partir la voisine.

RÈGLES A SUIVRE POUR CHARGER AVEC
LA DYNAMITE.

Il n'est pas plus possible de donner des règles absolues pour le chargement des mines avec la dynamite qu'avec la poudre. En supposant que la charge soit toujours en rapport avec la masse que l'on veut enlever, ce qui peut s'exprimer par une formule, il faut introduire dans cette formule un élément ou coefficient variable, dont la valeur change avec la nature du rocher, c'est-à-dire avec son degré de résistance et avec la manière dont le trou de mine est engagé, ce qui peut s'exprimer par le nombre de faces libres.

'Prenons par exemple les deux situations extrêmes, celle d'un bloc isolé et présentant par conséquent le maximum de faces libres, et le front de taille d'une galerie ne présentant qu'une face et par suite le minimum de faces libres (nous faisons abstraction des trous de mine percés dans un angle rentrant au milieu d'un massif, coups toujours mal engagés et auxquels aucune règle n'est applicable).

Dans le premier cas, l'expansion des gaz pro-

duits par la matière explosive ne trouve en tout
sens qu'une résistance limitée et l'effet est considérable. En perçant un trou au milieu d'un bloc
de résistance moyenne, ayant 2 mètres de côté, et
par conséquent un volume de 8 mètres cubes, on
peut le briser avec le quart d'une cartouche de
dynamite, soit 25 grammes. Ainsi, dans ce cas, à
1 kilogramme de dynamite correspondrait la rupture de 320 mètres cubes de rocher. Si nous sup-
posons cette même roche faisant partie d'un massif indéfini et attaquée au centre du front d'une
galerie par un trou de mine de 1 mètre de profondeur, il faudra, pour dégager la mine et enlever
à peine 1 mètre cube de matériaux, une charge de
3 cartouches, soit environ 250 grammes. — Dans
ce cas, à 1 kilogramme de dynamite correspon-
dront, comme abattage, tout au plus 4 mètres cubes de rocher.

Ces coups extrêmes échappant en réalité à toute
formule, l'expérience et l'habileté du mineur sont
la seule règle.

Dans les travaux d'abattage les plus habituels,
on dispose les chantiers en gradins, de manière à
avoir toujours deux faces libres, l'une horizontale
et l'autre verticale ou inclinée sur la verticale.
Dans ce cas, on peut mesurer facilement la ligne

de moindre résistance, et c'est cette ligne, sur laquelle va s'exercer l'effort principal, qui sert à calculer la charge.

On se sert dans ce cas de la formule :

$$P = \frac{2}{3} m h^3$$

dans laquelle P est la charge en kilogrammes — h, la ligne de plus faible résistance en mètres — m, un coefficient variable, suivant la nature du rocher et les circonstances plus ou moins favorables dans lesquelles se trouve le trou de mine. — Il faut tenir compte aussi de l'espèce de dynamite employée.

Ainsi, dans le déblaiement du Trocadéro, exécuté en 1877, pour les travaux de l'Exposition de 1878 , des bancs de rochers ont été enlevés au moyen de dynamite n° 1. Les gradins étant verticaux, les trous de mine de $0^m,90$ de profondeur étaient percés à 1 mètre de la face antérieure libre. soit $h = 1$. La charge convenable était celle d'une cartouche, soit $P = 80$ gammes. — Donc $m = 0^m,12$.

Le rocher était un calcaire compact de résistance moyenne; la valeur $m = 0^m,12$ peut être considérée presque comme un minimum.

L'expérience a montré, en effet, que le coefficient

m peut varier, pour le nº 1, de 0^m,10 à 0^m,75 et pour le nº 3 de 0^m,20 à 1.

Cette formule peut servir de point de départ pour le calcul des mines à forte charge, en puits ou en galerie ; mais en général il faut dans ces cas forcer sensiblement le coefficient. Dans les mines à grandes charges, l'effet produit n'est pas entièrement proportionnel à cette charge; il paraît probable qu'au delà d'une certaine limite, une partie de l'effet est perdu.

Ainsi, dans la mine de Cerbère, dont nous donnons plus loin les conditions, la ligne de plus faible résistance étant de 12 mètres et la charge 900 kilogrammes de dynamite nº 3, on trouve m = 0,76, le massif rocheux étant formé par un schiste granitique résistant.

Dans la mine à un seul puits de Frioul, carrière du Morgeret, la ligne de plus faible résistance étant de 15 mètres et la charge 850 kilos en nº 3, la valeur de m a été de 0^m,38. Le massif rocheux est un calcaire de moyenne dureté et le coefficient pour une mine à petite charge devrait être 0^m,20 ou 0^m,25.

Voici le résumé des instructions à suivre :

1º Donner à chaque coup de mine une résistance d'un tiers environ plus grande qu'avec la poudre.

2° Le calibre des trous doit être plus faible qu'avec la poudre, surtout à ciel ouvert. Il suffit en tout cas, dans les galeries comme dans les tranchées, d'un diamètre de 0^m,025 et d'un fleuret de 0^m,023.

3° S'il faut avant tout un travail rapide et beaucoup de déblai, employer les trous larges, de fortes charges et des profondeurs de 1^m,80 à 2 mètres.

Voici le rapport de dimensions :

Mètres.

Profondeur de trous.	1 à 2	fleuret.	0,025	
—	—	2 à 3,50	—	0,04 à 0,05
—	—	3 à 4,50	—	0,05 à 0,065

4° Qand on veut ménager les matériaux, comme dans la pierre de taille, l'ardoise, le charbon de terre, il faut des trous étroits et profonds, et employer des charges faibles et répétées.

5° La grosseur des charges, devant varier avec la résistance, doit être déterminée par quelques essais préalables dans lesquels on emploie pour la dynamite n°s 1 et 2, le tiers, et pour la dynamite n° 3, les 2/5 de la charge que l'on aurait mise en poudre de mine.

6° La longueur occupée par la charge dans le

trou de mine doit être : dans les cas les plus défa-
vorables, dans les roches les plus dures, de 1/3 à
1/4 ; dans les coups plus faciles avec une ou deux
faces libres, 1/4 ou 1/5 ; enfin, dans la roche tendre
avec deux faces libres et plus, 1/6 ou 1/8, le calibre étant de 25 0/0 plus faible qu'avec la poudre.

7° Pour les grandes mines, si l'on veut obtenir
d'un seul coup un grand abattage, on emploie
avec succès la dynamite n° 3 ; on peut faire ainsi
des chambres moins grandes que pour la poudre,
et obtenir sur la main-d'œuvre une grande économie.

8° Dans les terres grasses, l'argile, la marne et
tous les terrains où le travail au pic est onéreux
et pénible, on opère de la manière suivante : on
fait un trou de 3 à 4 centimètres de diamètre, et
de $2^m,50$ à $3^m,50$ de profondeur, on laisse tomber
au fond une cartouche de dynamite que l'on fait
détoner de manière à former une chambre sphé-
rique ; on agrandit ensuite cette chambre jusqu'à
ce qu'elle puisse contenir 2 kil., 5 kil., ou 10 kil.
de dynamite, suivant le cas.

Cette manière d'opérer remplace avantageusement le procédé qui consiste à faire des chambres
à poudre au moyen de l'acide chlorhydrique.

9° L'emploi judicieux de la dynamite n° 3 peut

donner un bon abattage pour la houille, produire de gros blocs, et diminuer la proportion du menu : ce résultat a été obtenu dans quelques districts miniers d'Allemagne au moyen de cartouches allongées, c'est-à-dire que les trous de mine ont un diamètre double de celui des cartouches, et qu'on ne bourre pas.

10° Toutes les fois qu'on essaie une matière nouvelle sur un chantier, on peut être certain que les mineurs trouveront un mauvais résultat, soit par préjugé, soit parce qu'ils n'auront pas su l'employer ; il ne faut donc pas juger sur un petit nombre de coups, mais persévérer.

CHAPITRE III.

Défrichement des souches d'arbres.

L'emploi de la dynamite pour le défrichement des souches donne, dans la plupart des cas, des résultats remarquables ; on y trouve une économie considérable de temps et d'argent et l'on a en outre l'avantage d'ébranler fortement le sol et de le rendre plus propre à la culture. Cet ébranlement ne porte aucun préjudice au jeune bois ; au contraire on constate toujours une plus grande force dans la nouvelle pousse.

Pour le sautage des souches, il faut suivre les règles suivantes :

Lorsque la souche se trouve un peu au dessus du sol et que le bois du milieu est encore sain, on fait le trou de mine dans le centre de la souche,

en le dirigeant vers la racine principale. Il faut
toujours que le trou de mine traverse la partie la
plus forte et la plus résistante de la souche. Lorsqu'il n'y a pas de racine pivotale, il faut avoir soin
de ne pas faire le trou de mine trop profond,
parce que dans ce cas l'effet de la charge passerait
sous la souche. Si le milieu est pourri, il faut
perforer dans la direction de la plus forte racine.

Souches de chêne.—Dix-sept souches de chêne, cou-
pées à une hauteur de 0^m 15 à 0^m 20 au-dessus du
sol et ayant un diamètre de 0^m 60 à 1^m 00 ont été
sautées au moyen de 1284 grammes de dynamite,
n° 1. On emploie généralement à peu près autant
de grammes dans la charge qu'il y a de centimètres
au diamètre. La profondeur des trous de mine a
varié de 0^m 25 à 0^m 40 ; la durée de la perforation
est de quatre à cinq minutes.

Les dix-sept souches ont donné 14 mèt. cubes
de bois et ont demandé, pour ce travail, quatre-vingt-
dix-neuf heures un quart. — Il faut compter sur quatorze minutes par souche pour le forage, le chargement, la mise à feu et le temps perdu.

Un travail aussi semblable que possible fait entièrement à la main avec la hache et les coins a
demandé cent quarante-deux heures trois quarts.

La comparaison des deux genres de travail est la suivante :

1° SAUTAGE A LA DYNAMITE.

Main-d'œuvre pour forage, chargement, etc.,
    4 heures à 39 centimes.................... 1.55
Main-d'œuvre pour compléter la division des
    pièces, 99 heures 1[4 à 39 centimes........ 38.70
1284 grammes de dynamite à 3 fr. 50........ 4.50
17 amorces à 3 centimes................... 0.50
7 mètres de mèche à 5 centimes. 0.35

                    Total........... 45.60

2° DIVISION DES SOUCHES AVEC LA HACHE ET LES COINS.

142 heures 3[4 à 39 centimes. 55.70

Avec la dynamite, le mètre cube de bois a coûté 3 fr. 25 au lieu de 3 fr. 95 et il y a une économie de temps de 26 pour 100.

Souches de hêtre. —Vingt souches de hêtre, de $0^m 50$ à $0^m 90$ de diamètre, sortant de terre de $0^m 10$ à $0^m 15$ ont été sautées au moyen de 1138 grammes de dynamite ; on a obtenu 8 mètres cubes de bois avec une dépense en main-d'œuvre, pour compléter le travail, de cinquante-quatre heures un quart.

La dépense de deux séries d'exploitation entiè-rement semblables, l'une à la dynamite, l'autre à la main, avec la hache et les coins, calculée comme précédemment, a été

```
Pour le travail avec la dynamite....... fr.  26.75
Pour le travail manuel............... fr.  40.95
```

Le mètre cube de bois a coûté, dans le premier cas, 3 fr. 45 et 5 fr. 10 dans le second et il y a eu en outre, avec la dynamite, économie de temps de 44 pour 100.

On a fait quelques essais d'exploitation analogue avec la poudre, mais on a constaté qu'il n'y avait dans ce cas aucun avantage ; en effet, même en employant des charges de poudre relativement très-fortes, on n'obtient nullement l'effet que produit la dynamite. Tandis qu'avec cette dernière matière, la souche est divisée en plusieurs morceaux et que ces morceaux sont fissurés, avec la poudre, on n'arrive qu'à diviser la souche en deux parties, de sorte qu'il faut ensuite un travail supplémentaire considérable.

Il faut aussi tenir compte de l'usure du matériel et de la fatigue des ouvriers, qui sont excessives dans le travail manuel de la hache et des coins. Avec la dynamite, au contraire, il y a si peu de fatigue et le travail marche si rapidement qu'on est bientôt frappé des avantages et des économies de toute nature qui en sont les conséquences. On peut dire que le sautage et le défrichement des souches au moyen de la dynamite se recommande plus par la pratique que par le calcul.

L'emploi de la dynamite devient d'autant plus utile que l'exploitation des souches est plus difficile. Tel est le cas, quand elles sont de fort diamètre, profondément encastrées dans le sol, avec d'épaisses racines; l'essartage ou le déblaiement des racines est onéreux et pénible; on multiplie les trous de mine dans le tronc et on en place un sur chaque racine.

Voici quelques exemples d'un travail pratique sur des souches de peupliers complétement incrustées dans la terre, la plupart pourries au centre. Il s'agissait de s'en débarrasser pour faire les fondations d'un bâtiment. Toutes les mines pratiquées dans une même souche étaient reliées par des fils électriques et l'on faisait sauter le tout à la fois; il y avait habituellement trois trous de mine dans le tronc et un sur chaque racine principale.

a. — Souche énorme formée de trois troncs entrelacés. Diamètre $2^m 20$ et $2^m 50$. Longueur, $2^m 80$.

10 trous de mine ayant demandé, pour le forage, 70 minutes ; charge totale 1365 grammes.

L'effet est bon, cependant il reste une partie qui doit être de nouveau attaquée, au moyen de 3 trous de mines et 332 grammes de charge.

Le tout est alors bien divisé et facile à enlever.

b. — Souche analogue à la précédente de 1^m 11 de diamètre et 4^m74 de longueur. 7 trous de mine chargés de 1000 grammes de dynamite. Bon effet, mais encore insuffisant.

Six nouveaux trous de mine, avec 680 grammes. Bon effet. Le peu qui reste est enlevé à la hache.

c. — Diamètre 1^m10. Longueur 2^m 21. 3 trous de mine. Charge 580 grammes. Bon effet, sauf un morceau trop fort. On le coupe avec une nouvelle mine et 120 grammes.

Sautage des souches dans l'Autriche-Hongrie.

a. — Coupe Hohmanns-Klippen. 368 souches dont 221 troncs de vieux chêne, le reste en hêtre, ont donné 413 mètres 5 décimètres cubes de bois avec une dépense de 934 francs, dont :

Pour salaires, à 1 fr. 95 le mètre cube.....	806.30
28 kil. 12 de dynamite à 4 fr.............	112.50
425 fusées à 2 cent.....................	8.50
Mèches................................	6.75
Total..........	934.05

Le prix du mètre cube ressort à 2 fr. 25.

b. — Coupe Spielberg. 183 troncs, dont 34 de vieux chênes, 2 de hêtres rouges, 147 de hêtres blancs, — produit 279 mètres cubes de bois, ressortant à 2 fr. 23 le mètre cube, dont 1 fr. 95 pour la main-d'œuvre et 0 fr. 28 pour le matériel.

c. — Coupe Kahlenberg. 690 troncs, dont 310 vieux chênes, 61 hêtres rouges, 319 hêtres blancs, — produit 1213 mètres cubes de bois, ressortant à 2 fr. 17 le mètre cube, dont 1 fr. 95 pour la main-d'œuvre et 0 fr. 22 pour le matériel d'explosion.

Il est à remarquer que les salaires d'ouvriers dans ce district étaient très-bas, et ressortaient à 2 francs, ou au plus 2 fr. 25 par jour.

Les observations suivantes ont été publiées par le docteur Hamm.

L'avantage du travail explosif est d'autant plus grand que les souches sont plus fortes. Il n'y a un intérêt réel qu'à partir d'un diamètre de 0^m 60, à moins que la main-d'œuvre ne soit très-chère.

Il est avantageux, dans les chalis, quand des orages et grands coups de vent ont fait sortir les souches de terre. Il faut couper les racines de côté et percer la souche par le côté jusque dans le nœud de la racine. Quand les souches ne sont pas essartées, c'est-à-dire bien débarrassées de leurs racines, il faut prendre les charges plus fortes.

a. — 20 souches de bois de pin essartées ont été enlevées avec la dynamite, leur diamètre variant de 0^m 30 à 0^m 70, la profondeur du trou de mine, de 0^{m}25 à 0^{m}40. Les charges sont, autant de grammes que de centimètres au diamètre. Pareil nombre de souches, de même dimension, ont été traitées par le travail manuel.

On a obtenu par le travail explosif une économie de 50 pour 100 de temps, et 20 pour 100 d'argent.

b. — 9 souches de fort diamètre de 0^m 60 à 1^m 00 ont été traitées par la dynamite et pareil nombre de même dimension par le travail manuel.

On a eu, dans les deux cas, 6 mètres cubes de bois cordé. Le travail a duré dix heures et demie dans le premier cas, et vingt heures dans le second ; soit 50 pour 100 d'économie de temps avec l'explosif.

Les dépenses ont été respectivement de 7 fr. 50 et 7 fr. 80.

c. — L'enlèvement par explosion de 16 souches de chêne dont le diamètre variait de 0^m 70 à 1^m 25, avec des trous de mine, de 0^m 25 à 0^m 40, a demandé 59 heures de travail, 1 k. 50 de dynamite,

16 capsules et 6ᵐ 50 de mèches. Il a produit 14 mètres cubes de bois cordé. La dépense totale a été
de 29 fr. 15, soit 2 fr. 10 par mètre cube.

Le même travail fait à la main a demandé 141
heures de travail à 0 fr. 40, soit 55 fr. 10 ; économie par
le travail explosif : 50 pour 100 d'argent, 58 pour 100
de temps.

d. — L'enlèvement de 18 souches de hêtre rouge
en partie essartées, de diamètre variant de 0ᵐ 70 à
1ᵐ 10, avec des profondeurs de tronc de 0ᵐ 30 à 0ᵐ 40, a
demandé 37 heures de travail, 1 k. 65 de dynamite,
18 capsules, 8 mètres de mèches ; produit 16 mètres
de bois cordé, dépense totale 20 fr. 80.

(La dynamite est comptée à 3 fr. 60 le kilog.,
5 capsules à 3 centimes, la mèche à 4 cent. 1/2, la
main-d'œuvre à 0 fr. 40 l'heure.)

Le même travail fait à la main a coûté 37 fr. 80 ;
économie par l'emploi de la dynamite : 43 pour 100
d'argent ; 60 pour 100 de temps.

Le bois cordé obtenu au moyen de la dynamite
est préféré par l'acheteur, parce que, contenant plus
de fentes que l'autre, il est plus facilement divisé.

L'outil à préférer pour le forage des trous de
mine est le villebrequin de 25 millimètres de mèche ; au-dessus de 1 mètre de diamètre, il faut une
mèche de 30 millimètres.

La dynamite n° 2 remplace avantageusement la dynamite n° 1 qui est trop chère.

On peut se servir indifféremment, pour bourrage, de terre, de sable ou d'eau.

COMPARAISON DU TRAVAIL EXPLOSIF ET DU TRAVAIL MANUEL POUR DES SOUCHES DE GRAND DIAMÈTRE.

a. — 6 souches de chêne d'un diamètre moyen de 1^m 97 (de 1^m 75 à 2^m 20) ont été sautées par la dynamite. La hauteur de la souche au-dessus du sol était d'environ 0^m 20. Le nombre des forures pratiquées dans les racines principales a varié de 8 à 11.

La profondeur des trous a varié de 0,12 à 0,15 ; la charge, de 50 à 60 grammes. La profondeur de la forure dans le nœud de la racine a varié de 0,16 à 0,20 ; la charge, de 120 à 130 grammes. La quantité totale de dynamite employée pour chaque souche a varié depuis 520 grammes pour la plus plus petite, de 1^m 75 de diamètre, à 780 grammes pour la plus grande, de 2^m 20. Les souches ont été déchirées en 8, 10 et jusqu'à 12 morceaux ; quelques-uns d'entre eux ont été lancés assez loin.

Le produit a été de 37 mètres et 7 décimètres

cubes de bois, et la dépense de 43 fr. 20 ; soit, 1 fr. 14 par mètre cube et 7 fr. 20 par souche.

Le même travail a été fait entièrement à la main pour 6 souches de chêne de même dimension et placées dans les mêmes conditions.

Le produit a été de 38 mètres cubes et la dépense de 131 fr. 40 ; soit 3 fr. 46 par mètre cube, et 21 fr. 90 par souche.

b. — 10 souches de sapin de 1^m 05 à 1^m 30 de diamètre (moyenne 1^m 20), et d'une hauteur de 0^m 18 environ, ont demandé 1 kil. 330 de dynamite.

Le produit a été 11 mètres, 25 centimètres cubes, la dépense 10 fr. 60, soit 0.95 par mètre cube et 1 fr. 06 par souche.

Le même travail, fait à la main sur des souches entièrement semblables, a demandé, pour une production de 12 mètres cubes, une dépense de 18 fr., soit 1 fr. 47 par mètre cube et 1 fr. 80 par souche.

Dans le travail des souches de chêne, on avait commencé par découvrir un peu les racines principales, à 1^m 00 environ de la souche, et chacune des 5 racines reçut une forure des deux tiers de sa grosseur. Le nœud de la racine fut également percé, aussi près que possible des embranchements extérieurs ; chaque trou ayant été convena-

blement chargé, reçut une fusée électrique et on
fit partir le tout en même temps.

Pour le sautage des souches de sapin, on commença par couper les racines latérales et la souche
ne reçut qu'un seul trou de mine dans le pivot,
suivant le croquis ci-joint (fig. 6), en *cb*.

Fig. 6.

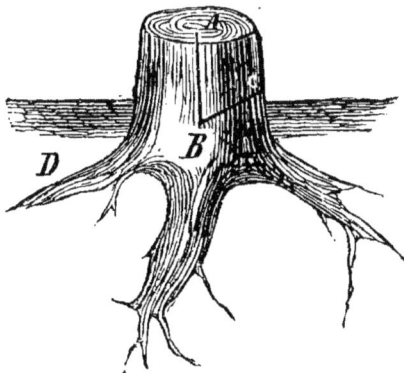

L'inflammation se fit au moyen d'une capsule et
d'une mèche Bickford. Presque toujours, l'explosion déchira la souche en plusieurs parties et la jeta
hors de terre, de sorte qu'il ne se trouva ensuite
presque plus rien à faire. Le mode habituel de
forage, suivant *ab*, eût été bien moins favorable.

On peut poser comme règle que si la profondeur
du forage doit être plus petite que le tiers du dia-

mètre de la souche, il vaut mieux attaquer celle-ci par le côté.

On peut estimer que le sautage de 100 souches d'une grosseur comprise entre 0ᵐ 50 et 1ᵐ 00 demande 20 heures de travail et de 5 à 10 kil. (moyenne, 8 kil.) de dynamite nᵒ 2; en outre, il faut 100 capsules et 100 mètres de mèches. D'après cela, on peut calculer les frais.

Voici les conclusions de M. de Hamm, chef de département au ministère de l'agriculture d'Autriche [1] :

« Il n'est pas à douter un seul instant que l'assertement des souches au moyen de la dynamite n'épargne considérablement de main-d'œuvre, ne diminue l'attirail d'outils dont on avait été obligé de se servir jusque là, ne prépare plus efficacement le sol à recevoir de nouvelles plantations, ou ne le rende propre occasionnellement à servir pour d'autres cultures. Mais, ce qui a plus de prix que tout le reste, c'est que l'assertement par la dynamite est le meilleur moyen de porter un coup mortel aux insectes nuisibles, en faisant sauter en même temps que les troncs et les souches les fourmilières où ils se rassemblent et d'où ils répandent de tous côtés

1. *La Dynamite en agriculture*, par de Hamm.

la dévastation. Chaque forestier qui a eu à souffrir des dommages causés par les coups de vent et des maux plus terribles encore qui en sont la suite et qu'occasionne le *Bostrichus typographus*, saura, je n'en doute pas, apprécier cet avantage à sa juste valeur; au moyen de la dynamite, les éclaircies peuvent être, dans un temps très-court, complétement débarrassées des troncs et des souches, et, dans la plupart des cas, le bois gagné par là couvre déjà les dépenses. Si maintenant on prend en considération qu'on détruit en même temps ou qu'on contribue largement à détruire la race des insectes malfaisants, qu'a-t-on besoin de plaider davantage en faveur de l'emploi de la dynamite ? On ne saurait trop le répéter, il faut bien se convaincre que l'emploi de cette substance, dans les conditions où elle a lieu, est si peu dangereuse qu'il n'exige pas plus de prévoyance qu'on n'en pourrait attendre d'un garçon de quinze ans. »

CHAPITRE IV.

Emploi de l'électricité.

La mise à feu par l'électricité est tellement in-
diquée dans certaines circonstances qu'il paraît à
peine nécessaire de les énumérer. Tels sont les cas
où l'on a à faire partir des mines en puits ou en
galeries, fortement chargées ; ceux où l'on doit être
assuré du départ simultané de plusieurs coups ;
le tirage des mines dans les puits profonds et dans
des situations difficiles ; les mines sous-marines,
surtout sous une grande charge d'eau, etc., mais
même, en dehors de la convenance et de la sécurité qu'on peut retirer de la facilité de faire partir
les mines à toute distance et à un moment donné,
il y a encore d'autres avantages. Ainsi, en cas de
ratés, on n'a jamais avec les mèches de sécurité

complète, et de nombreux accidents sont arrivés
par l'impatience des mineurs de retourner trop
vite sur le chantier. En tous cas, il faut perdre
beaucoup de temps. Avec l'électricité au contraire
le coup part ou ne part pas et l'on peut retourner
de suite. Dans les galeries mal ventilées, si l'on a
un grand nombre de coups à faire partir, les mèches
donnent tant de fumée qu'on perd presque tout
l'avantage de l'emploi de la dynamite à ce point
de vue et qu'il devient impossible de retourner
immédiatement sur les lieux, comme lorsqu'on n'a
à redouter que les fumées de la dynamite.

Enfin, d'une manière générale, plusieurs coups de
mine partant simultanément produisent plus d'effet
qu'en partant successivement. Cet effet est surtout
sensible quand ces coups simultanés sont disposés
pour produire un but déterminé comme nous l'avons
vu dans les coups convergents placés au centre d'un
puits ou d'un front de taille pour enlever d'un
coup cette partie centrale.

Il est vrai que le tirage par l'électricité demande
des appareils spéciaux et revient plus cher que le
tirage avec les mèches, à cause du prix des fusées
électriques ; aussi n'est-il pas adopté jusqu'ici
pour les travaux courants et se borne-t-on à l'employer dans certains cas déterminés ; mais les pro-

grès réalisés dans ces derniers temps permettent de livrer les appareils et les fusées à des prix assez modérés pour que le nombre de ces cas devienne assez étendu [1].

L'outillage électrique se compose nécessairement de trois parties : l'exploseur, les fils conducteurs et la fusée.

L'EXPLOSEUR.

Les exploseurs se divisent en deux catégories, ceux à haute et ceux à basse tension (on les appelle quelquefois aussi exploseurs de tension et exploseurs de quantité). Les premiers entraînent l'emploi de fusées à *étincelle*; les seconds, l'emploi de fusées à fil de platine; ce fil porté au rouge par le courant, enflamme l'amorce. L'industrie ayant adopté presque exclusivement les exploseurs de tension et les amorces à étincelle, nous ne parlerons que de ceux-là.

Nous avons déjà recommandé (voir notre mode d'emploi) l'exploseur Bréguet, dit coup de poing, remarquable par sa simplicité et son faible poids (7 kil.); mais cet appareil, très-convenable dans les

1. La Société est aujourd'hui en mesure de livrer les amorces électriques à un prix notablement inférieur à celui des anciens tarifs.

circonstances ordinaires, manque de puissance pour assurer le départ simultané de plusieurs mines. Il est surtout impropre pour les travaux hydrauliques. Nous devons nous borner à recommander l'exploseur Bréguet pour le tirage des grandes mines sur terre ferme que l'on veut faire partir à distance et dans lesquelles il n'y a pas généralement plus de 3 à 4 amorces à enflammer simultanément.

L'exploseur de Siemens rentre comme le Bréguet dans la classe des appareils magnéto-électriques. Il est extrêmement puissant et peut être employé dans tous les cas; il présente, comme tous les appareils électro-magnétiques, l'avantage d'être insensible aux influences atmosphériques; mais les aimants diminuent de puissance avec le temps Cet appareil étant trop cher et trop lourd pour les travaux habituels, on a adopté de préférence les exploseurs à électricité statique, dont la valeur et le poids ne diffèrent pas sensiblement de ceux du Bréguet, tout en ayant une puissance beaucoup plus considérable.

On connaît déjà plusieurs variétés de ces appareils, tels que ceux d'Ebner, de Bornhard, d'Elsner, etc.; toutes ces machines développent l'électricité par le frottement de plateaux en verre ou en caoutchouc vulcanisé contre des peaux de chats. Le condensateur est une bouteille de Leyde, également en verre ou en caoutchouc.

Nous donnons ci-contre (fig. 7) le dessin de l'exploseur à friction adopté par la Société générale.

L'appareil est enfermé dans une boîte en bois, de 0^m50 de longueur, 0^m18 de largeur et 0^m34 de hauteur. Il pèse 9 kilog. En soulevant le couvercle, on aperçoit les dispositions dont la figure donne le dessin. Les fils conducteurs s'attachent aux points A et B. En pressant le bouton D, on décharge la bouteille de Leyde et on produit l'étincelle qui enflamme l'amorce.

La tige mobile CB a pour but de vérifier la puissance de la machine. Suivant l'effet que l'on recherche, on peut s'assurer ainsi de la grandeur de l'étincelle que l'on peut obtenir. On écarte successivement du bouton A la tige de la pointe B, de 1, 2 jusqu'à 4 et 5 centimètres, et l'on vérifie, en pressant le bouton, si l'étincelle se produit.

Dans un appareil fonctionnant bien, il doit suffire de 20 tours de manivelle pour produire une étincelle de 2 centimètres et de 60 tours pour celle de 5 centimètres. Malheureusement, ces appareils sont très-sensibles à l'humidité atmosphérique. Il faut donc absolument, avant de s'en servir, faire quelques essais préalables et s'assurer de leur fonctionnement.

Fig. 7.

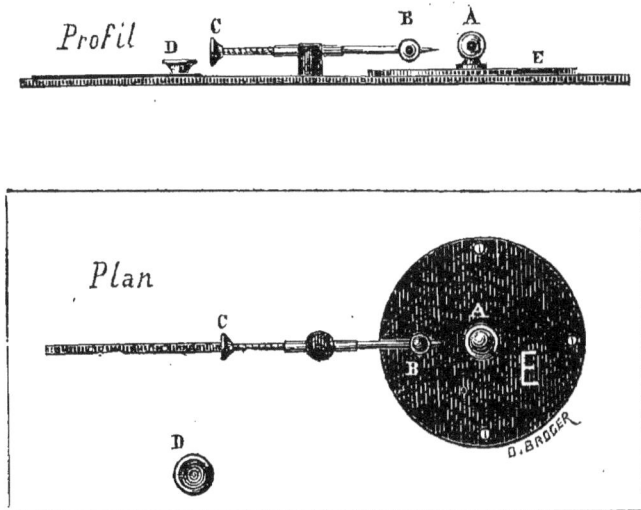

Quand ils sont devenus trop paresseux, il faut démonter la partie mobile qui se trouve sur l'un des côtés et qui porte la peau de chat ; on expose alors l'intérieur de la boîte, pendant quelque temps, à une douce chaleur ; on peut encore, ce qui est plus rapide, essuyer les disques en caoutchouc avec un linge ou une éponge imbibée de benzine. Il faut, dans tous les cas, au moment de se servir

de l'appareil, essuyer également le disque extérieur en caoutchouc.

Comme mesure de sécurité, le maître mineur
doit toujours avoir dans sa poche la manivelle de
l'exploseur, ne la mettre en place qu'au moment
de s'en servir et la retirer aussitôt le coup de mine
parti.

Contre le couvercle de l'appareil est collée une
petite instruction à laquelle on doit se conformer.

Lorsque ces appareils sont restés quelque temps
sans servir, il est rare qu'ils fonctionnent bien du
premier coup ; mais en les faisant marcher quelque
temps on leur rend habituellement leurs propriétés.
Si cela ne suffit pas, il faut employer les moyens
que nous avons indiqués plus haut. Enfin, si ceux-
là sont encore insuffisants, il faut les renvoyer au
constructeur.

LES CONDUCTEURS.

Les conducteurs sont nécessairement de deux
sortes : les conducteurs principaux et les conducteurs auxiliaires. Ces derniers forment la partie
du circuit destinée à être détruite après chaque
explosion ; ils comprennent les fils qui réunissent

entre eux les divers trous de mine et les fils qui les mettent en rapport avec le conducteur principal. Il est important que ces derniers fils soient assez bon marché, puisque chaque coup de mine en consomme une certaine quantité. D'autre part, pour les travaux hydrauliques, il faut qu'ils présentent un isolement suffisant.

Le câble auxiliaire formé d'un fil de cuivre de 7/10 de millimètres, recouvert d'une gaîne en gutta-percha de 2 millimètres, coûte 0,10 cent. le mètre et résiste parfaitement dans les conditions les plus difficiles.

Le conducteur principal devant, au contraire, durer indéfiniment, il convient qu'il ait une résistance suffisante. Un câble formé d'un fil de cuivre de 1,5 millimètre, recouvert d'une gaîne de gutta-percha de 3,5 millimètres, coûte 0,35 cent. le mètre et convient parfaitement pour tous les travaux.

Ce câble, étant peu volumineux, s'enroule facilement et l'on peut en transporter sans embarras 100 mètres et plus, dans la boîte porte-bobine de la Société. Au moyen de ce petit appareil, le câble s'enroule et se déroule très-commodément et on évite de le traîner par terre, ce qui est une cause d'usure.

On peut, au lieu de deux câbles d'aller et retour, employer un câble à deux conducteurs ; ceux-ci étant alors renfermés dans une même gaîne. — Ce câble étant plus volumineux que les précédents, s'enroule plus difficilement. Il ne doit être préféré que lorsque la pose des conducteurs présente certaines difficultés.

AMORCES OU FUSÉES ÉLECTRIQUES.

L'amorce électrique se compose d'un petit cylindre en mastic isolant qui maintient les extrémités des deux petits fils de cuivre, entre lesquelles se produit l'étincelle. Au petit cylindre fait suite une petite cartouche en papier, renfermant la matière explosive qui enflamme la charge de fulminate de mercure d'une capsule. Le tout est recouvert et enduit de poix. — Les amorces sont généralement disposées au bout de baguettes en bois ou de bandes en tissus, sur lesquelles sont fixés les fils de cuivre. Ces fils sont recouverts le long des baguettes ou des bandes d'un enduit isolant, de sorte qu'on peut s'en servir dans les trous humides. On rattache hors du trou les extrémités des fils aux conducteurs auxiliaires.

Ces amorces assez économiques, car elles coûtent 30 ou 35 centimes pièce, suivant la longueur
des bandes, sont très-convenables pour les travaux habituels de fonçage et dans les terrains
aquifères, mais pour les travaux sous-marins et
avec des fortes charges d'eau, il faut nécessairement
employer la fusée électrique formée d'une amorce
Ladd fixée dans une capsule triple à dynamite,
au moyen d'un mastic de gutta-percha. Ces fusées
coûtent de 50 à 70 centimes, suivant la longueur
des fils émergents qui doivent être parfaitement
isolés.

DISPOSITION DU TIRAGE ÉLECTRIQUE.

La disposition du tirage, avec les appareils que
nous avons décrits, se fait *en circuit continu*, comme
il est décrit dans notre mode d'emploi. Toutes les
fusées sont réunies l'une à l'autre au moyen de
fils auxiliaires et les deux fils extrêmes sont rat-
tachés aux conducteurs principaux.

MINES SIMULTANÉES.

L'emploi du sautage par l'électricité devient

6

trop onéreux quand on a à faire partir simultanément un très-grand nombre de mines de peu
d'importance, cas qui se présente surtout dans
l'emploi de la dynamite en agriculture. On sup-
plée dans ce cas à l'électricité au moyen de mèches ou courantins dont l'inflammation peut être
assez rapide pour donner sinon des sautages parfaitement simultanés comme l'électricité, du moins
une simultanéité suffisante pour le but que l'on se
propose.

Le propriétaire qui veut se débarrasser de quelques souches d'arbres et qui n'a qu'un nombre
restreint de coups à faire partir, reculera également devant la nécessité de se procurer l'outillage
du sautage électrique. Cependant, pour attaquer
une forte souche dans les meilleures conditions,
il est préférable que les mines pratiquées dans le
tronc et sur les racines principales partent simultanément. Dans ce cas, les trous de mine étant
assez voisins et relativement peu profonds, on
peut rendre les charges solidaires au moyen d'un
boudin de dynamite les reliant entre elles. Il suf-
fira de faire détoner l'une de ces charges pour que
toutes partent simultanément. Pour assurer le
succès de l'opération, il faudra mettre une capsule
dans chaque charge à l'extrémité du boudin de

dynamite, et même poser des capsules dans les coudes, angles et toutes situations où la propagation de l'explosion paraîtrait devoir rencontrer quelque obstacle[1].

---

1. Enfin on peut employer des mèches instantanées ; mais elles sont difficiles à se procurer et d'un emploi dangereux : nous n'en recommandons l'emploi qu'avec la plus grande réserve

CHAPITRE V·

Effets obtenus avec la dynamite.

FONÇAGE DE PUITS ET MARCHE A TRAVERS BANCS.

Mine de Pierka.

	Charge des trous de mine.	Diamètre des trous.	Profondeur des trous.	Nombre de faces libres.	Cube extrait en mètres cubes
FONÇAGE DE PUITS DANS LES QUARTZITES, AU MOYEN DE LA DYNAMITE N° 1, ET DE L'INFLAMMATION ÉLECTRIQUE.					
	kil.	millim.			
Travail d'une journée.	5	35	1,40	1	8,5
	5	35	1,30	2	9,5
	6,125	35	1,30	3	9,5
	1,375	35	0,50	2	2,5
Totaux.	17,500	....			30,0
Travail d'une journée.	4	35	1,40	1	10,00
	4,50	35	1,40	2	10,50
	6	35	1,40	3	12,50
Totaux.	14,50	....			33,00

Le premier tir se fait avec les sept trous de mine du milieu, convergents. Le deuxième tir avec les douze trous de mine entourant les sept premiers. Le troisième tir, avec les onze coups de parois. L'avancement a été, dans la première série, de 1^m,25, et dans la seconde série, de 1^m,35 par jour.

Fig. 8.

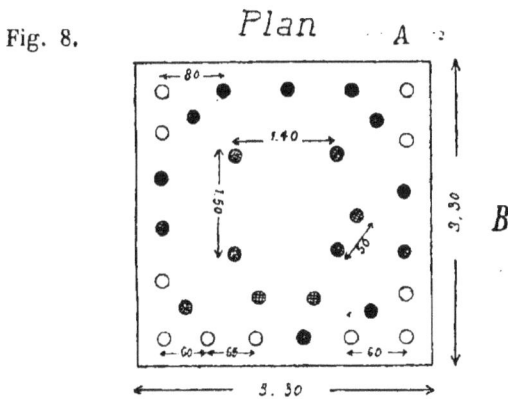

Plan

Ces avancements sont très-supérieurs à ceux que l'on obtenait avec la poudre.

Mines de Ferfay. — Fonçage de la fosse Druon. Raval direct au moyen de la dynamite n° 3 de Paulille. Les bancs de grès ont de 0^m,40 à 0^m,60 d'épaisseur, sur une inclinaison de 8 à 10 mètres.

Le diamètre de l'excavation est de 5 mètres.

L'inflammation a lieu au moyen d'une capsule ordinaire avec mèche de sûreté. Le bourrage se

fait simplement à l'eau. Le diamètre du trou de
mine varie de 0ᵐ,030 à 0ᵐ,038.

	Charge.	Profondeur du trou.	Cube abattu.
Grès tendres..............	0ᵏ,200	0ᵐ,80	1ᵐ,750
—	0 ,200	0 ,85	1 ,500
Grès de dureté moyenne..	0 ,136	0 ,78	0 ,500
Grès durs...............	0 ,067	0 ,60	0 ,750
—	0 ,335	1 ,12	2 ,000
—	0 ,235	0 ,85	1 ,750
	0ᵏ,972		8ᵐ,250

Soit 8,5 mètres cubes par kilogramme de dynamite n° 3. On obtient en général d'assez gros blocs
qui doivent être ensuite cassés au marteau et au
pic. Ces résultats ont été obtenus en travail courant et représentent le travail habituel de la fosse.
On estime qu'en marchant à la poudre, la dépense
en explosif eût été sensiblement la même. L'emploi de la dynamite a procuré une économie véritable dans la main-d'œuvre, accéléré le travail et
donné une plus grande sécurité.

Fonçage des puits et marche à travers bancs. —
Société anonyme des charbonnages des Bouches-
du-Rhône. Puits St-Jacques : calcaire dur, compacte et fendillé. Emploi de la dynamite n° 3 et
de la mèche Bickford. (Voir ci-après.)

Ainsi, la dynamite n° 3 employée à travers bancs

dans un terrain houiller formé d'un calcaire dur et compacte, a donné par kilogramme une moyenne de 5,40 mètres cubes d'abattage.

Comparé au travail que l'on obtenait préalablement avec la poudre, l'emploi de la dynamite a procuré un avantage considérable. Si l'on compare les avantages obtenus suivant le nombre de

Chargement, de la mine en grammes.	Diamètre du trou.	Profondeur des trous.	Ligne de moindre résistance.	Cube abattu en mètres cubes.	Nombre de faces libres.
	m.				
160	0,04	0,63	0,47	0,300	1
200	0,04	0,70	0,40	0,440	1
160	0,03	0,55	0,45	0,532	2
240	0,035	0,90	0,70	0,650	2
160	0,03	0,75	0,35	0,425	1
160	0,03	0,62	0,40	0,330	1
60	0,035	0,60	0,40	1,275	2
80	0,035	0,78	0,35	1,275	2
200	0,035	0,80	0,30	0,850	1
240	0,035	0,65	0,55	3,330	2
200	0,035	0,80	0,30	0,650	2
1860	....			10,057	

faces libres, on voit que pour cinq coups de front, avec une seule face libre, $0^k,880$ ont produit 2,345 mètres cubes, soit 2,66 mètres cubes par kilogramme, tandis que dans six coups d'abattage, $0^k,980$ ont donné 7,712 mètres cubes, soit 7,86 mè-tres cubes par kilogramme.

Mines d'Anzin. — *Fosse Havelay.* — Galerie horizontale, 2^m sur $2^m,20$, schistes mélangés de grès très-dur ; terrain dur et compacte. Travail de quatorze jours, avec dynamite n° 1 ; emploi de la capsule double, avec mèche Bickford.

L'avancement des quatorze jours a été de 20^m. Il a été foré 370 trous, représentant un développement de 348^m. Profondeur moyenne des trous 0^m94. Diamètre des trous de mine 0^m035.

La quantité de dynamite employée a été de 90 kilogrammes, charge moyenne d'un trou, 240 grammes (3 cartouches). Le cube enlevé a été de 94, 60^m cubes. Le cube correspondant à 1 kilogramme de dynamite et 1^m05 c.

Les matériaux obtenus sont de petits blocs. On commence par faire sauter trois mines placées dans le centre de la section ; c'est ce qu'on nomme faire le déchaussement. On fait ensuite partir ensemble toutes les mines, 6, 7 ou 8, placées autour.

MINES EN GALERIES.

Tranchée de Cerbère. — *Chaîne des Alberes (Pyré-nées-Orientales).* — *Schistes très-durs.* — La mine a été chargée de 900 kilogrammes de dynamite

Fig. 9.

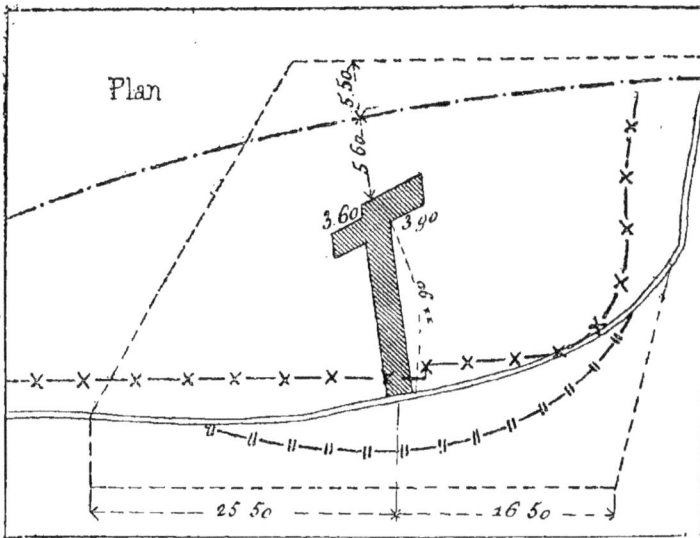

Plan

3.60   3.90

25 50   16 50

Indications des différents signes pointillés du dessin.

- - - - - - - - - - - -   limite apparente de l'effet produit.

— - — - — - — - —   limite de l'élargissement projeté au niveau de la plate-forme.

-×-×-×-×-×-×-×-   crête du talus.

══════════   pied du talus.

— ‖ — ‖ — ‖ — ‖ — ‖   partie en surplomb.

n° 3. Le résultat apparent produit a été d'environ 9000 mètres cubes donnant 10 mètres cubes par kilogramme, ce qui a été considéré comme un résultat très-satisfaisant.

En prenant la ligne de moindre résistance, $h = 12$ mètres, on a dans la formule $c = 0^m,80$. Il

Fig. 10.

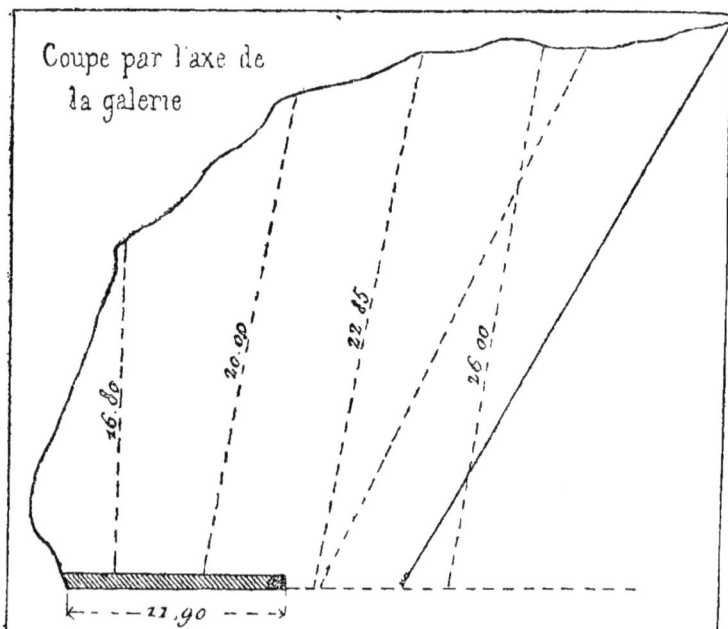

Coupe par l'axe de
la galerie

faut tenir compte ici de l'énorme charge qu'avait à soulever la mine, de sorte qu'il serait plus exact de prendre $h = 20$ mètres, et, dans ce cas, $c =$ de $0^m,17$.

Travaux du Frioul. — *Extraction de blocs pour les jetées du port de Marseille.* — *Carrière du Morgeret.* — Les mines ordinaires se font au moyen de barres à mine, que l'on manœuvre à la main pour obtenir un trou de sonde de 12 mètres de profondeur. On pratique ensuite au fond du trou une chambre avec

Fig 11.

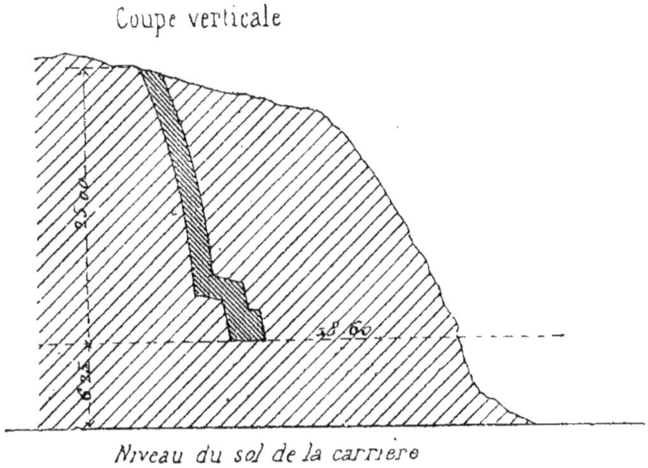
Coupe verticale
25 00
6 25
18 60
Niveau du sol de la carrière

Fig. 12.

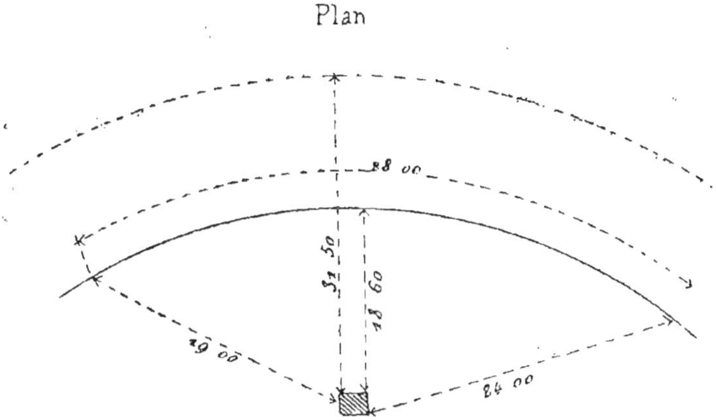
Plan
28 00
31 50
18 60
19 00
24 00

l'acide chlorhydrique. Une bonbonne d'acide contenant 80 litres fait une chambre d'environ 8 litres, pouvant contenir 8 kilogrammes de dynamite. On

Fig. 13.

Plan

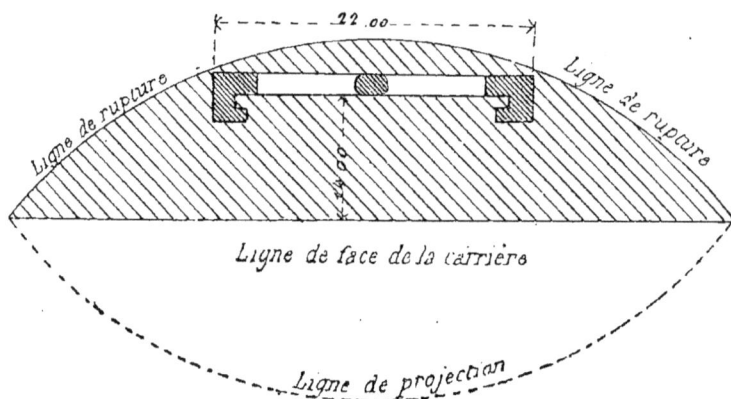

Fig. 14

Coupe verticale

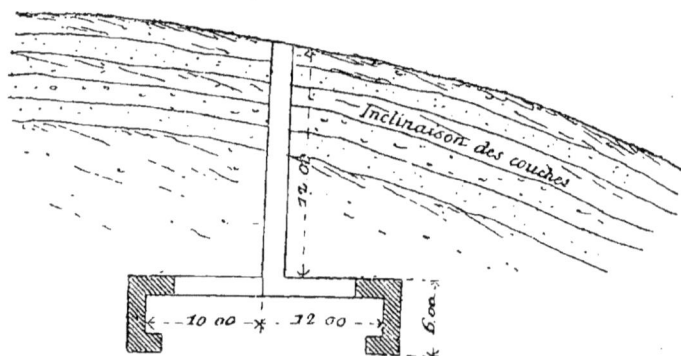

emploie généralement 12 bonbonnes produisant
ainsi une chambre qui contient la charge habi-

tuelle formée de 100 kilogrammes de dynamite n° 3. Le résultat est moyennement de 1000 mètres cubes, partie blocs et partie moellons. Il est supérieur à ce chiffre pour les faces supérieures mieux dégagées et formées d'un calcaire moins résistant, et inférieur pour les parties basses plus engagées et formées d'une roche plus serrée.

On compte en général sur 10 mètres cubes par kilogramme de dynamite n° 3.

Le sautage dans les puits par grande charge donne à peu près les mêmes résultats.

Les croquis ci-joints indiquent l'effet produit par une charge de 600 kilogrammes de dynamite n° 3, tirée le 7 juin 1877. Elle est placée dans un puits de 25 mètres de profondeur avec une ligne de plus faible résistance de 18^m,60, mais avec toutes les faces assez bien dégagées.

L'abattage a été de 6000 mètres cubes, soit 10 mètres par kilogramme de dynamite n° 3. L'éboulement n'a pas dépassé de 15 mètres le pied du talus. Il est formé de gros blocs d'un calcaire très-compacte. Il n'y a eu aucune projection.

Les figures 13, 14 et 15 montrent en plan et coupe la disposition d'une mine formée d'un puits de 17^m,50 de profondeur moyenne, au fond duquel on a creusé deux rameaux de galeries en équerre.

7

La charge totale de 1200 kilogrammes de dynamite n° 3 a été répartie en deux charges de 600 kilogrammes dans chacune de ces galeries.

Le bourrage a été fait en maçonnerie de chaux

Fig. 15.

Autre coupe verticale

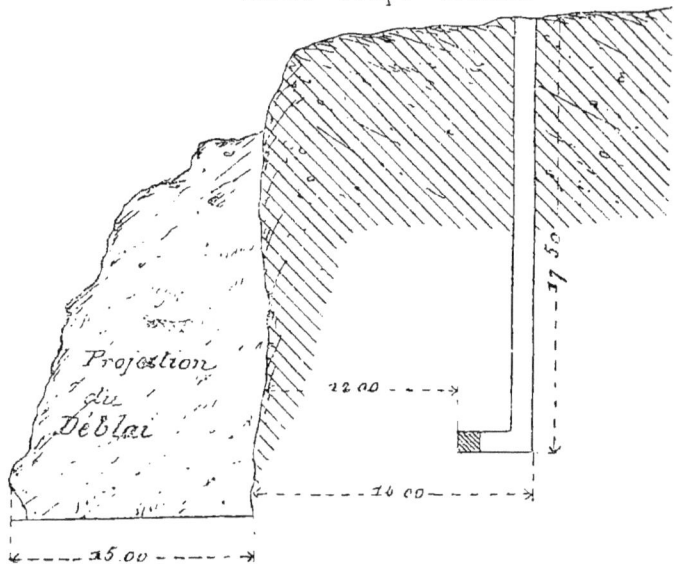

et ciment sur un développement de 9 mètres comme
l'indique le croquis. Le reste du puits est demeuré
vide. Les deux charges séparées ont été réunies par
un conduit métallique rempli de dynamite, de manière à obtenir l'explosion simultanée. La dynamite
n° 3 formant les charges a été enflammée par l'électricité au moyen d'une amorce de dynamite n° 1.

Le massif a été renversé en avant sans projection jusqu'à une distance de 15 mètres.

Le cube apparent de la projection a été calculé à 8700 mètres cubes, ce qui ne donnerait que 7 mètres cubes par kilogramme de dynamite ; mais il est évident qu'il y a un effet intérieur considérable qui n'apparaîtra qu'après le déblaiement.

Néanmoins, l'effet de cette mine a été considéré comme insuffisant. On a tout lieu de penser que la disposition des puits n'était pas des meilleures ; on a voulu utiliser un ancien travail qui avait été préparé pour une chambre à poudre ; il est probable qu'une galerie qui aurait coûté moins cher aurait produit un meilleur effet.

On peut critiquer également le mode de bourrage, qui ne consistait que dans une maçonnerie très-épaisse, il est vrai, mais peut-être encore insuffisante.

Dans le tirage de la mine en galeries de Cerbère, où les conditions étaient à peu près les mêmes, comme profil du massif à enlever, on a obtenu un résultat très-supérieur dans une roche cependant beaucoup plus dure.

Enfin, le massif des îles du Frioul, dans lequel on opérait, était déjà très-ébranlé et fendillé par d'énormes mines tirées antérieurement ; il est pos-

sible que si l'effet apparent est médiocre, l'effet
réel soit beaucoup plus satisfaisant, parce que
l'action s'est prolongée et dispersée sur une plus
grande surface.

MINES A L'ACIDE.

Carrières du Ruisseau, près Hussein-Dey (pro-
vince d'Alger). — Lorsqu'on veut enlever d'un seul
coup 150 mètres cubes de matériaux, dans un
calcaire compacte, il faut, en employant la poudre
de mine, former au fond du trou de mine une
chambre qui puisse contenir 50 kil. de poudre.
Cette opération demande 5 bonbonnes d'acide
chlorhydrique et entraîne une dépense de 108 fr.

Si au lieu de poudre, on emploie la dynamite
n° 3, en supposant qu'elle ait seulement une force
double de celle de la poudre et qu'il faille en employer 25 kil., comme elle est d'une densité double (1, 6, au lieu de 0,80), il faut une chambre
quatre fois moindre et la dépense, de ce fait, se
réduit à 27 francs.

• Ces expériences comparatives faites dans les
carrières du Ruisseau, près Hussein-Dey, ont in-
diqué pour chaque coup de mine, ainsi établi,
une économie de 50 à 70 francs.

Ce qui fait ressortir une économie de 0 fr. 25 par mètre cube.

Sautage dans les ardoisières d'Angers. — Le sautage a eu lieu dans un schiste ardoisier très-dur. Dans une chambre existant au fond d'un puits de 100 mètres de profondeur, il s'agissait d'enlever un gradin de 15 mètres de longueur et de 4 mètres de hauteur.

On a pratiqué dans ce gradin huit trous horizontaux de 1 mètre de profondeur, et quatre trous verticaux de 4 mètres. Les premiers ont été chargés avec quatre cartouches, et les autres avec cinq cartouches de dynamite n° 1 : en tout, 4 kilogrammes et demi. Les trous horizontaux étaient distants de 1^m,50, et les trous verticaux, de 4 mètres.

L'explosion des douze mines a eu lieu simultanément au moyen de l'exploseur à friction (modèle de la Société). Les opérateurs étaient blottis dans la chambre B et masqués par des madriers. Le résultat a été excellent ; le gradin a été entièrement abattu, donnant un déblai d'environ 60 mètres cubes. Il n'y a eu aucun accident.

Le sautage suivant a été fait également dans le schiste ardoisier à la mine de Misengrain, près Hoyant-la-Gravayère (Maine-et-Loire).

Fig. 16.

Coupe verticale

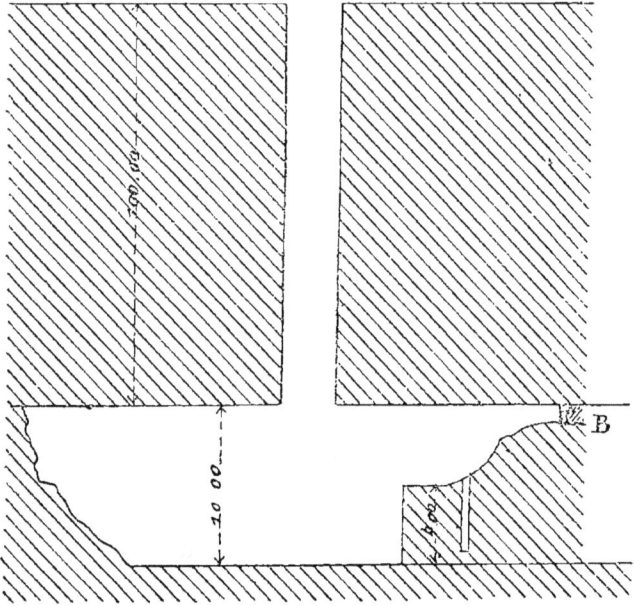

Le gradin qu'il s'agissait d'abattre avait 3ᵐ,50 de hauteur, 1ᵐ,50 de largeur et 10 mètres de longueur. On a creusé quatre trous horizontaux à la base de 1ᵐ,30 de profondeur, distants de 3 mètres, et deux trous verticaux de 3ᵐ,25 aux extrémités. Chaque trou a reçu six cartouches de n° 3, donnant ainsi une charge totale d'environ 5 kilogrammes. Les six charges reliées par les fils électriques ont été enflammées simultanément au moyen de l'exploseur à friction.

Le gradin entier a été renversé avec un abattage de 50 mètres cubes correspondant à 10 mètres cubes par kilogramme de dynamite.

Dans ce chantier où l'on n'avait employé jusqu'à ce moment que les coups isolés, on a constaté l'avantage incontestable obtenu par les coups simultanés.

TRAVAUX DIVERS.

Sautage dans les mines de Rehon (Ardennes). — Ce sautage a été exécuté dans les calcaires compactes employés comme castine par l'usine de Rehon. On y a employé la dynamite n° 0 de la Société, ou dynamite à la cellulose, contenant 75 pour 100 de nitroglycérine. Le sautage des trois coups de mine devait avoir lieu simultanément au moyen de l'appareil à friction ; mais il s'est passé ce fait singulier que les deux coups extrêmes sont seuls partis d'abord. On a ensuite rattaché les conducteurs aux fils du coup central, et il est parti. Il est donc certain que la fusée électrique n'était point mauvaise ; mais le mélange explosif que devait enflammer l'étincelle n'était pas

Fig. 17.

Coupe verticale

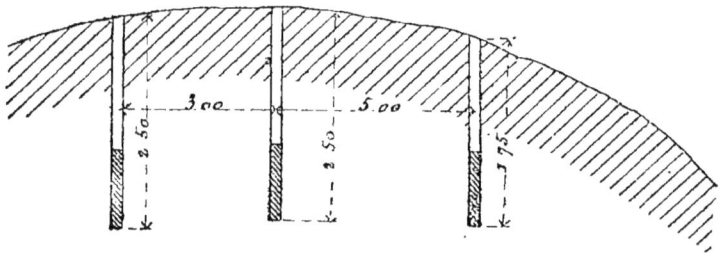

assez sensible, et il a fallu une étincelle plus forte.

La profondeur du trou de mine était de $2^m,50$ pour deux d'entre eux, et de $1^m,75$ pour le troisième ; ils ont reçu ensemble 5 kilogrammes de dynamite 0. La ligne de plus faible résistance étant d'environ 3 mètres, cette charge donne $c = 0^m,30$ dans la formule $P = \frac{2}{3} cm^3$.

Le cube désagrégé a été d'environ 100 mètres.

Destruction d'un banc de granit très-dur, formant barrage sur la Moselle, à Épinal. — Il s'agissait de

détruire une roche de granit très-dur formant
barrage sur la Moselle. Il avait une longueur de

Fig. 18.

Coupe suivant AB

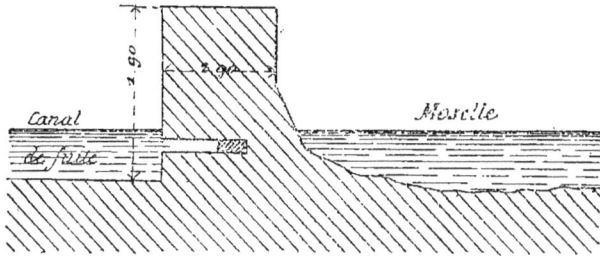

Fig. 19.

Plan

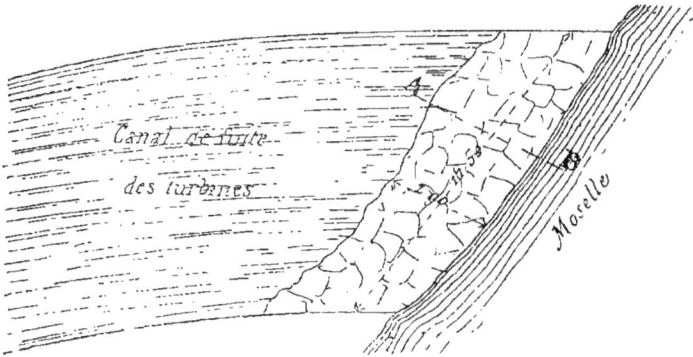

$11^m,50$, une hauteur de $1^m,90$ et une largeur
moyenne de $2^m,90$. Des trous furent percés à la
base à une profondeur variant de $1^m,60$ à 2 mètres,

et chargés chacun d'environ 700 grammes de dynamite n° 1, ce qui donna pour l'opération entière
une consommation de 7 kilogrammes. Le canal de
fuite ayant été vidé, les trous horizontaux furent
percés à sec ; mais au moment du tirage on rem-
plit le canal, et les trous munis de mèches imperméables furent ainsi bourrés à l'eau. L'effet fut com-
plet. Après l'explosion, il n'existait plus de traces
du barrage. Le déblai a été, *au minimum*, de 63 mètres cubes.

Creusement d'un puits d'alimentation. — Un puits
d'alimentation ayant été en partie mis à sec par
des travaux exécutés dans le voisinage, on a pu
y ramener des sources par le moyen très-simple
suivant.

Deux trous de mine convergents ont été d'abord
percés dans le fond du puits, avec 0^m,55 de profondeur, 0^m,60 d'écartement à la naissance et 0^m,40
(au plus) au fond. Chacun d'eux a reçu une
cartouche de dynamite n° 1, et a été bourré à l'eau.
Quoique enflammés par la mèche Bickford, les
deux coups sont partis en même temps, en produisant une violente explosion. Il y a tout lieu de
croire que l'un d'eux est parti sous l'influence de
la détonation de l'autre.

Après l'enlèvement des déblais, trois trous de mine semblables ont été creusés sur le pourtour du vide ainsi formé; puis deux nouveaux trous ont été tirés dans le fond. Le rocher ébranlé et fendu à une grande profondeur, a donné passage à de nouvelles sources qui sont arrivées en abondance dans le puits.

Il a suffi, pour arriver à ce résultat, d'une dépense de sept cartouches, soit $0^k,65$ de dynamite n° 1.

Sautage des piles du pont de Donchery. — Ce travail présentait un intérêt tout particulier, parce qu'il s'agissait de démolir les piles sans projeter les matériaux dans la rivière. Il fallait donc calculer les charges, de manière à écarter les pierres de taille sans les faire tomber. Quelques essais préliminaires ont permis de calculer la quantité de dynamite à mettre dans chaque trou, et l'on a pu dès lors obtenir l'effet figuré dans le croquis ci-joint, et qui était bien celui que l'on cherchait à obtenir.

La pile ayant $2^m,50$ de largeur sur 8 mètres de longueur, on a creusé cinq trous de $1^m,50$ de profondeur, et chacun d'eux a reçu un demi-kilo-gramme de dynamite. L'explosion a été obtenue si-

multanément au moyen de l'exploseur à friction.
La pile a été fendue sur toute sa longueur, ainsi

Fig. 20.

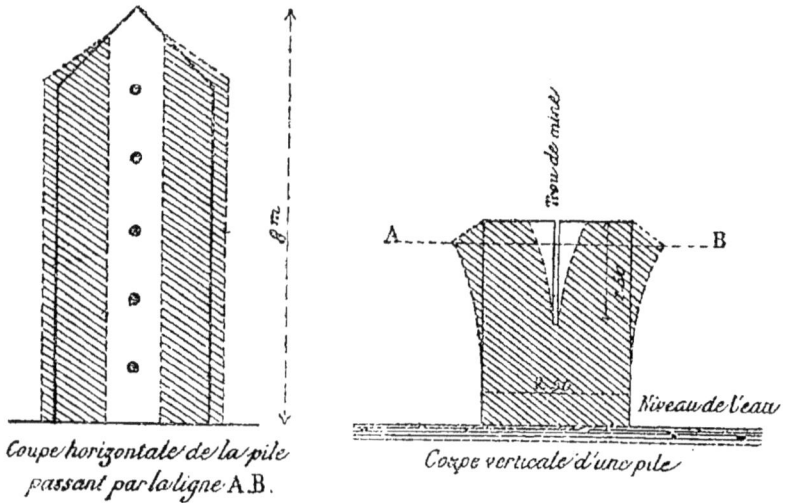

Coupe horizontale de la pile
passant par la ligne A B.

Corpe verticale d'une pile

que l'indique le dessin, et il n'est pas tombé de
matériaux dans la rivière.

Extraction de moellons à bâtir. Chantier du Trocadéro (Paris). — Calcaire grossier. Emploi de dynamite n° 1. Charge du trou de mine : une cartouche de 80 grammes. Ligne de plus faible résistance : distance du trou de mine au mur vertical,
1 mètre. Profondeur du trou de mine, 60 centimètres. Déblai moyen produit par un coup de mine,
6 mètres cubes.

Rupture de blocs en fonte. Usine de Cantal et Tuya, à Tarbes (Hautes-Pyrénées). — Bloc de fonte formant un cube parfait de 90 centimètres d'arête.

Dix cartouches de dynamite n° 1, soit $0^k,800$, sont placées librement sur le bloc et recouvertes de terre humide et tassée.

Trois morceaux de fonte, pesant ensemble 300 kilogrammes, sont détachés le long d'une arête. Le restant du bloc est fendillé dans toutes ses parties.

Rupture d'un pont en tôle de fer. — Le pont de Culera (Espagne) ayant été abattu en partie par un coup de vent, il s'agissait de couper la portion renversée, qui était complétement tordue, pour la séparer de la partie qui était demeurée en place et qui était encore en bon état. L'opération s'est faite très-rapidement, au moyen de la dynamite n° 1 de Paulille.

Pour les poutrelles ordinaires ayant de $0^m,50$ à $0^m,80$ de longueur, et de 8 à 13 millimètres d'épaisseur, il a fallu employer *un gramme* par *centimètre carré de section transversale*. Ainsi, sur une poutre en tôle ayant $0^m,80$ de longueur et $0^m,008$ d'épaisseur, on plaçait un boudin de dynamite de

0^m,80 de longueur et du poids de 64 grammes (section, 64 centimètres carrés).

Pour les poutres principales, qui étaient renforcées par des cornières et par une forte semelle, chacune de ces pièces ayant une épaisseur de 13 millimètres, ce qui donnait une section totale de 128 centimètres carrés, il fallait compter 4 grammes par centimètre carré de section. Ainsi, pour couper une longueur de 0^m,80, il fallait 500 grammes de dynamite. Le boudin de dynamite étant placé le long de la tôle, des cartouches étaient logées sur la semelle dans l'angle des cornières. Les cartouches placées d'un côté de la plaque faisaient détoner celles de l'autre côté par la vibration du métal. On appliquait, dans tous les cas, de la terre grasse sur les charges.

Des résultats obtenus dans cette circonstance, on a pu conclure que l'effort de désagrégation produit par la dynamite variait de mille à quatre mille kilogrammes par gramme.

Sautage de navires échoués. — Cette opération s'est faite fréquemment, dans ces dernières années, au moyen de la dynamite, qui rend, dans ce cas, de très-grands services [1]. Nous ne parlerons

1. Voy., pour la manière de s'en servir, notre mode d'emploi.

que du sautage suivant, comme étant celui sur lequel nous avons recueilli les données techniques les plus précises.

Une magnifique frégate à vapeur, le *Tetuan*, fut engloutie dans le port de Carthagène (Espagne), à 14 mètres de profondeur, en 1872, par une explosion de poudre produite par un incendie.

La démolition en a été entreprise, en 1876, au moyen de la dynamite n° 1 de Nobel, fabriquée à l'usine de Galdacano (Bilbao). Au mois de février 1877, après dix mois de travaux, on avait extrait 2000 tonnes de produits se composant de blindages, bois, machine à vapeur, huit chaudières, etc. On a dépensé pour cela 4700 kilogrammes de dynamite, soit un peu plus de 2 kilogrammes par tonne de produit extrait. Il est probable que l'explosion de la poudre, ayant entr'ouvert le navire, avait commencé le travail, et qu'il aurait fallu bien plus de dynamite sans cette circonstance.

Le gros arbre de l'hélice, de 0^m,40 de diamètre, a été brisé avec 25 kilogrammes de dynamite. Dans le voisinage de l'hélice, où le diamètre est un peu plus fort, on a mis 32 kilogrammes. La rupture est franche et nette, bien perpendiculaire à l'axe.

Il reste encore la moitié des matériaux à enlever, ce qui demandera environ 5000 kilogrammes de dynamite.

Travaux du port de Cette[1]. Entreprise de M. Demay jeune, 1877. — Les travaux entrepris dans le port de Cette avaient pour but : la mise à fond du prolongement du canal maritime, du bassin de la compagnie des chemins de fer du Midi, du canal latéral à la gare, le creusement d'un chenal dans le canal maritime, et la démolition du pont dit *de Montpellier.*

Les masses rocheuses qu'il s'agissait de détruire avaient, dans le canal maritime, leur surface à 3 mètres sous l'eau environ, et se continuaient, par couches intercalées de sable, jusqu'à 6 et 7 mètres. Ces couches variaient, en épaisseur, de 10 centimètres à 1 mètre. Les couches étaient beaucoup plus épaisses et plus profondes dans le canal latéral ; on en a trouvé qui avaient plus de 2 mètres d'épaisseur et qui présentaient, sur

1. Communication due à l'obligeance de M. Demay jeune.

plusieurs points, une grande surface sans discontinuité.

Ces masses rocheuses étaient formées de couches de sables vaseux, coquilliers, plus ou moins agglutinés, alternant avec des couches de tuf, ou plutôt d'une espèce de grès coquillier formé de sable et de coquilles agrégés par un ciment argilo-calcaire.

Dans le canal latéral, on trouve des couches de même nature, mais aussi des bancs de poudingues très-caractérisés et des bancs de calcaire.

Les travaux du canal maritime ont été faits au moyen d'une puissante drague à vapeur ; ils n'ont pas présenté de grandes difficultés, les masses rocheuses à enlever n'étant ni trop épaisses, ni trop résistantes.

Les travaux à entreprendre dans le canal latéral, pour lui donner une profondeur normale de 5 mètres, devaient donner un déblai de 91 000 mètres cubes, au prix moyen de 5^f,75.

L'entrepreneur, pour bien mettre à découvert les bancs de roches, commença par enlever tout ce qu'il put des sables, vases et argiles, puis il attaqua les roches.

La première attaque se fit au moyen de dragues puissantes appropriées à cet effet. Elles rendirent

de grands services et désagrégèrent les bancs jusqu'à 50 centimètres de profondeur; mais ayant
rencontré des bancs plus épais, allant quelquefois
jusqu'à 2 mètres, il fallut avoir recours à d'autres
moyens. On a employé alors, pour briser les roches, une sonnette à vapeur du système Chrétien.
Une grosse barre à mine, du poids de 1500 kilogrammes, mise en mouvement par une machine à
vapeur, frappe directement la roche par des volées
de 3^m,50 de hauteur, à raison de quinze coups par
minute. Cette barre à mine peut traverser tous les
bancs; mais les blocs qu'elle produit sont trop
gros pour être enlevés par la drague à vapeur. Il
fallait les retirer au moyen de chèvres, et d'un
plongeur qui les amarrait au fond de l'eau. Ces
manœuvres coûtaient trop cher.

Les mines à la poudre ordinaire furent alors
essayées et donnèrent des résultats assez satisfaisants, au point de vue de l'ameublissement, mais
le prix de revient était trop élevé.

Cependant, tous ces moyens avaient bien avancé
le travail; mais il restait encore à enlever 15 000 mètres cubes pour lesquels il fallait trouver des
moyens plus économiques; à ce moment, les entraves qu'avait rencontrées en France la fabrication de la dynamite étant surmontées, on put

employer cette matière qui donna les résultats les plus satisfaisants.

Emploi de la dynamite. — On a employé exclusivement dans ces travaux la dynamite 0, provenant de la fabrique de Paulille. Les capsules, l'exploseur et les fils conducteurs ont été fournis par la Société générale pour la fabrication de la dynamite.

Les amorces électriques donnaient dans le principe de fréquents ratés. Sur les observations de l'entrepreneur, des perfectionnements ont été introduits dans cette préparation, et, en fin de compte, on n'avait plus de ratés, 1 % au plus. Il faut nécessairement que les fils électriques, au sortir de l'amorce, soient câblés, sans cela ils occasionnent par leur disjonction la cassure du mastic qui protège la capsule, et l'eau pénètre jusqu'au fulminate.

Tous les fils électriques étant garnis de guttapercha, on les a recouverts en outre d'une toile goudronnée, de manière à mettre l'enduit en guttapercha à l'abri des éraillures qui pouvaient se produire par le frottement. Le câble principal a 3 millimètres de diamètre, et les conducteurs auxiliaires, 2 millimètres; avec ces dimensions, ces fils conducteurs peuvent servir cinq ou six fois.

Les exploseurs employés étaient à friction. La puissance de ces exploseurs diminue un peu avec le temps, surtout par les grands froids. Il est bon de faire produire des étincelles à blanc avant de se servir de l'appareil pour mettre le feu aux mines.

Avec le froid, il est arrivé de ne pouvoir obtenir d'étincelles visibles avec quarante tours, et cependant on produisait l'explosion avec vingt-cinq ou trente tours.

Préparation des coups de mine et des charges. — On peut placer la charge sur la surface des bancs à détruire, quand on opère à une profondeur de 3^m,50 et 4 mètres, ce qui est déjà une charge naturelle ; mais quand cela est possible, il est préférable de placer la charge, soit entre deux couches de tuf, soit par-dessous les bancs, si surtout ils ont une grande épaisseur. Dans ce dernier cas, avec beaucoup moins de cartouches, on obtient des résultats relativement très-supérieurs, et si les blocs sont trop gros, on les brise après avec de petites charges.

Pour placer les charges, soit entre deux couches de tuf, soit au-dessous des bancs qui se rencontrent à peu près au niveau où on veut descendre,

le travail doit se faire par un plongeur avec sca-
phandre pourvu d'outils spéciaux en fer, tels que
curettes, petites pioches et ringards avec lesquels
le plongeur retire le sable ou l'argile qui se trou-
vent entre les couches ou au-dessous. Le plongeur
fouille aussi profondément qu'il le peut, quelquefois jusqu'à 2 mètres; en ce cas, les résultats sont
excellents.

Il a été fait des essais pour se passer du plongeur pour placer les charges; cela peut se pratiquer dans les endroits où la roche est à nu, mais
en général on a été obligé d'y renoncer, parce que
les rochers sont recouverts d'une couche de vase
de 20 à 30 centimètres, et pour que la charge pro-
duise bien son effet, il faut que le rocher soit mis
à nu, et la présence du plongeur est indispensable.

Lorsqu'on a rencontré quelques parties de rocher qui n'étaient pas recouvertes de vase, on a
opéré sans plongeur, et pour être certain de placer
les charges au point désiré, on les attachait à une
tige en fer de 4, 5 ou 6 mètres de longueur, suivant
le cas ; les charges étant ainsi espacées selon les
besoins. On a obtenu de cette manière des résultats satisfaisants ; mais on n'a pu employer ce

moyen que dans des cas particuliers et peu communs.

Préparation des charges et ligature des fils. — Pour chaque coup de mine, on introduit une capsule dans l'une des cartouches; les autres sont ficelées autour et forment le paquet. En général, chaque coup de mine se compose de trois cartouches; quelquefois on a été jusqu'à quatre, cinq et même six cartouches, mais rarement.

Après que la capsule est bien fixée et les cartouches attachées ensemble, on relie les fils de la capsule au câble conducteur, et on recouvre la ligature avec le plus grand soin, afin d'éviter l'humidité sur cette ligature, ce qui occasionnerait des ratés. Au début, on enduisait ces ligatures avec de la poix de cordonnier ou du mastic de vitrier, le tout recouvert d'une peau de baudruche; mais cela était difficile et prenait beaucoup de temps. A cette enveloppe, on a substitué un petit tube en caoutchouc recouvrant la ligature sur 5 à 6 centimètres, parfaitement lié aux deux bouts avec de petites ficelles. Ce procédé réussit parfaitement.

Lorsqu'il s'agit de placer la charge entre deux bancs, ou sous un banc, on attache le paquet de cartouches à une branche de roseau assez longue pour la conduire jusqu'à l'emplacement que le plongeur a préparé.

Pour prévenir tout accident, c'est le plongeur lui-même qui donne l'ordre de relier le câble à l'exploseur. Afin de ménager le temps du plongeur, et aussi pour obtenir plus d'effet, on fait toujours partir deux coups à la fois, les deux paquets de cartouches étant reliés par un fil intermédiaire d'une capsule à l'autre.

Démolition du pont de Montpellier. — Ce pont, ainsi nommé parce qu'il donne accès dans Cette à la route de Montpellier, a été construit en 1849. C'est un pont tournant d'une seule arche de 11 mètres de largeur que l'on démolit, afin de lui donner 21 mètres d'ouverture.

Les fondations de ce pont reposent sur le tuf; celles de la culée est sont à $5^m,83$ sous eaux basses, et celles de la culée ouest à $4^m,90$. Les bajoyers et les murs en retour sont formés d'une enceinte en béton de 3 mètres d'épaisseur pour la culée est, et de $2^m,70$ pour la culée ouest.

Le béton a été fait en chaux hydraulique de la Valette mélangée de pouzzolane d'Italie; il a été entouré d'une enceinte en bois de sapin formée de pieux de 25 à 30 centimètres d'équarrissage,

reliés par des cours de moises longitudinales et
transversales boulonnées aux pieux ; les inter-
valles entre les pieux étaient garnis de palplan-
ches jointives de 10 centimètres d'épaisseur. Chaque moise transversale était accompagnée d'un
tirant en fer de 4 centimètres d'équarrissage. L'enceinte avait été coupée à l'extérieur à 3m,50 de
profondeur, après que le béton avait pris corps,
mais elle était entière à l'intérieur.

Le béton était de qualité supérieure, parfaitement
conservé et d'une très-grande dureté. L'enceinte
qui l'entourait était construite très-solidement, et
on peut dire même avec un luxe de précautions
peu commun. Les tirants en fer ajoutaient une
très-grande résistance, et les difficultés à vaincre
ont été d'autant plus grandes que l'entrepreneur
ignorait les particularités de cette construction.
La dynamite a joué un grand rôle et a rendu de
grands services tant au point de vue de la rapidité
d'exécution qu'à celui de la dépense.

La démolition a commencé par la culée est. On
a fait des trous à la barre à mine ordinaire sur la
partie supérieure, espacés de 1 mètre environ et
descendant jusqu'à 3 mètres de profondeur. Ces
trous étaient chargés de dix cartouches ficelées
bout à bout sur une petite tige en fer pour faci_

liter l'introduction jusqu'au fond du trou ; la dernière cartouche portait la capsule.

Ces coups de mine n'ayant pas donné les résultats que l'on attendait, car, s'ils disloquaient le béton, ils ne le faisaient que rarement tomber, on a rapproché les trous à 60 centimètres. Comme il n'était plus possible ensuite de faire des trous de mine par les moyens ordinaires, on a continué à détruire le béton par des charges déposées à la surface ; c'est alors qu'on a rencontré de grandes résistances qu'a expliquées la découverte d'une moise armée du tirant en fer. Le mode de travail a été alors complétement changé. Les coups de mine, autant qu'on l'a pu, ont été placés au niveau de la fondation, entre le tuf et le béton. La dynamite travaillait alors dans les deux sens : elle écrasait les bancs de tuf, ébranlait le béton et en faisait tomber une partie à chaque coup. La drague venait alors enlever le tuf brisé et avançait sous le béton aussi loin que possible. Cependant, la grosse masse du béton ne tombait pas et restait suspendue en l'air, soutenue par les moises transversales et les tirants ; il est arrivé souvent au plongeur de passer par-dessous pour aller placer des coups de mine ; chaque fois qu'on découvrait une moise ou un tirant, on les brisait à la

8

dynamite : alors de gros blocs de béton, quelquefois de plusieurs mètres cubes, tombaient au fond.
On les ameublissait de manière à pouvoir les dra-
guer.

Enfin, après bien des efforts, la résistance a été
vaincue ; mais elle n'a pas été sans danger pour le
plongeur, obligé souvent de passer sous les exca-
vations pour aller placer les charges près des
moises et des tirants.

La démolition de la culée ouest n'a plus présenté les mêmes difficultés, éclairé que l'on était
par le travail précédent. Il n'a pas été fait de trous
à la barre à mine, à la partie supérieure, comme
pour la culée est ; on s'est attaché simplement à
placer de fortes charges entre tuf et béton ; les
emplacements étaient assez longs à préparer, mais
les résultats étaient très-bons.

On a fait ainsi assez souvent des charges avec
paquets de dix cartouches, dont deux reliés ensemble, ce qui faisait une explosion de vingt cartouches à la fois ; les effets étaient énormes ; le tuf
était écrasé, et il est arrivé plusieurs fois que des
éboulements de béton se sont produits sur toute
la hauteur de 4^m,90, et sur la largeur, de 2^m,70.
Il tombait alors de très-gros blocs qui, dans leur
chute, brisaient les bois et les fers. Ces forts ébou-

lements se sont produits rarement; mais les mines ainsi placées mettaient les bois et les fers à découvert assez rapidement pour pouvoir les briser, et la résistance du béton devenait alors beaucoup moins grande. Les charges de mine pour le béton étaient toujours de cinq à dix cartouches, et, comme il y avait deux mines partant à la fois, c'étaient des explosions de dix à vingt cartouches.

Le cube de béton enlevé a été de............ 1125mc,95
Celui du tuf................................ 2335 ,89
                  Total.................... 3461mc,84

Le travail a demandé soixante-sept journées de l'atelier du plongeur, et 360 kilogrammes de dynamite, n° 0.

On ne saurait trop répéter que, sans l'emploi de la dynamite, le temps et les dépenses auraient augmenté dans des proportions considérables. On peut donc affirmer que l'emploi de cette matière pour l'extraction des rochers sous l'eau ou la destruction des vieilles maçonneries est appelé à rendre de très-grands services dans les travaux publics.

Cette, 26 janvier 1878.

DÉRASEMENT DE RÉCIFS A NEW-YORK.

*Dérasement des récifs de Way et d'Hallets-Point
à Hell-Gate (East-river, New-York).* — Ces travaux
ont eu pour but de dégager la passe de Long-
Island des récifs qui en rendaient la navigation
très-dangereuse.

Le récif formé par l'îlot de Way avait 71 mètres
de longueur sur une largeur de 35 mètres, avec
une épaisseur maximum de $5^m,30$. Il était situé
à une profondeur de $7^m,90$, à la moyenne des
basses eaux.

Le rocher consistait en gneiss, avec stratifica-
tions verticales.

L'opération du déroctage, commencée en août
1874 et terminée en janvier 1875, a demandé cent
quarante-deux jours de travail. Elle a été faite
presque entièrement avec la nitroglycérine liquide.

Le liquide explosif était placé dans des étuis en
fer-blanc que l'on introduisait dans des trous de
mine de plus fort diamètre préparés d'avance, ou
que l'on plaçait, dans certains cas, à la surface
du roc. Les charges étaient alors assujetties au
moyen de poids et de cordes, de manière à assurer

le contact. La nitroglycérine était d'abord emma-

Fig. 21.

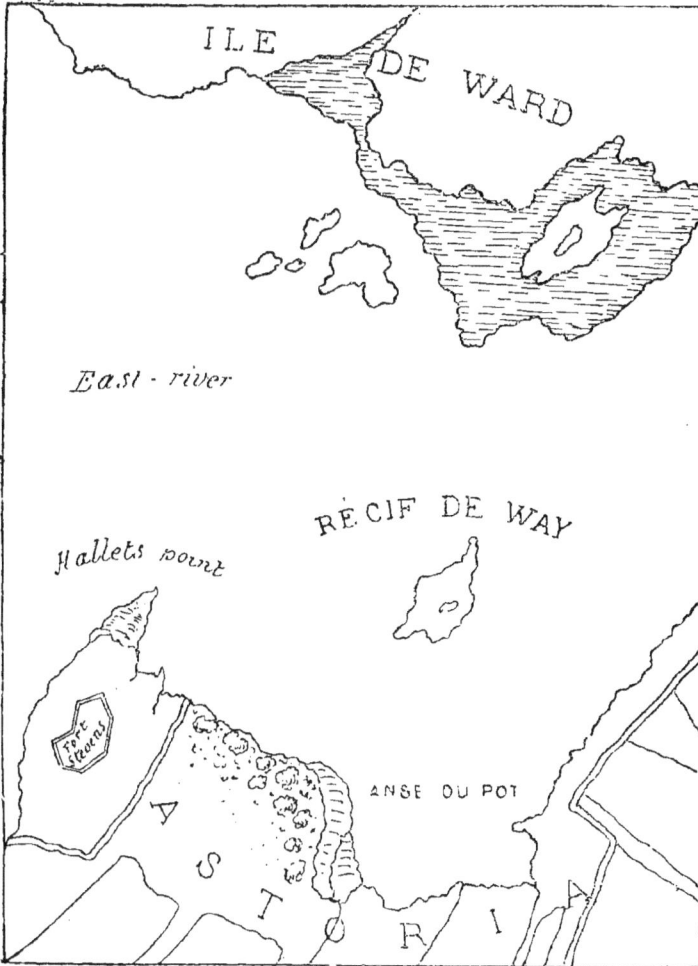

gasinée dans un bâtiment placé sur la rive ; mais
les glaces ayant ensuite intercepté les communi-

cations, elle était conservée avec soin à bord du
bateau de service. Quand elle était gelée, elle était
réchauffée dans une grande cuve en bois remplie
d'eau dont la température ne dépassait pas 30° centigrades. Les étuis en fer-blanc contenant l'explosif
étaient placés directement dans la cuve. L'opération commençait environ quatre heures avant le
chargement des trous.

Le sautage des mines a toujours eu lieu par l'é-
lectricité, et on employait indifféremment un exploseur à friction de Smith ou une batterie à auge
de Bunsen. Les fusées électriques contenaient,
dans tous les cas, $1^{gr},50$ environ de fulminate de
mercure. Avec l'exploseur à friction, le fulminate
était enflammé par une composition de Brow, et
pour la batterie à auge, par l'ignition d'une petite
quantité de poudre-coton.

Dans les deux espèces de fusée, l'amorce était
contenue dans un étui en bois cylindrique. Des
disques en papier recouvraient l'amorce et la réu-
nissaient aux fils. Ces étuis en bois faisaient l'of-
fice de bouchon pour les étuis en cuivre fort des
amorces dans lesquels ils étaient forcés. La réu-
nion étanche entre le bouchon et l'étui était as-
surée, en faisant pénétrer le second dans le bois
du premier. En outre, les fusées étaient plon-

gées dans un mélange de cire, de résine et de graisse.

Les fils réunissant les batteries et les charges étaient recouverts de gutta-percha. On put épargner beaucoup de fils en employant la terre en place de l'un des conducteurs du circuit.

A cause de la proximité du rivage, le maximum des charges devait être limité à 500 livres (225 kilogrammes) de nitroglycérine. C'est pourquoi le nombre de coups que l'on fit partir simultanément dut être réduit à neuf. Dans ces conditions, on n'eut pas de ratés.

Les rocs brisés étaient au fur et à mesure enlevés par la drague. L'effet moyen d'un sautage était de recouvrir de débris le rocher dans un cercle d'environ 12 mètres de diamètre.

On dut augmenter le diamètre primitif des trous de mine, en substituant au foret de 8 centimètres (3 pouces 1/2) le foret de 13 centimètres (5 pouces 1/2), tout en conservant la même distance entre les trous. Le rocher était alors parfaitement enlevé au moyen de la drague.

Le nombre de trous percés a été de deux cent soixante-deux pour une longueur de forage de 647^m,50.

La quantité d'explosif employé a été :

Pour les trous de mine : 6889^k (15308 livres).

Pour les coups de surface : 667^k,80 (1484 livres).

On a employé en outre 17^k,50 de dynamite.

Le cube du rocher enlevé a été de 2302 mètres cubes. Nombre de pieds de trous forés par yard cube : 0,7; nombre de livres de nitroglycérine par yard cube : 5,54 (3^k,3 par mètre cube).

Nota. — Les renseignements qui précèdent, extraits de la Revue des Ingénieurs de Washington (1875), ont un caractère officiel qui ne permet pas de les contester. On peut être étonné de l'énorme quantité d'explosif employé relativement au produit obtenu. Il n'est pas douteux que la cause en est dans la difficulté du travail, et que cette difficulté a été augmentée par l'emploi de la nitroglycérine liquide, dont une grande partie a dû être perdue. L'usage de la dynamite, tout en présentant plus de sécurité, aurait été en même temps, sans aucun doute, beaucoup plus économique.

Destruction du récif d'Hallets-Point. — Ce récif s'avançait sous la mer au nord de Long-Island, près du fort Stevens. Le général Newton, chargé de l'entreprise, fit creuser un large puits d'attaque près d'Astoria, au-dessous du fort Stevens. Du fond du puits furent dirigées, au-dessous du récif, des galeries rayonnantes, réunies entre elles par des couloirs transversaux.

La surface du récif était de 12 000 mètres carrés. Cet espace fut perforé au moyen de quarante et un

Fig. 22.

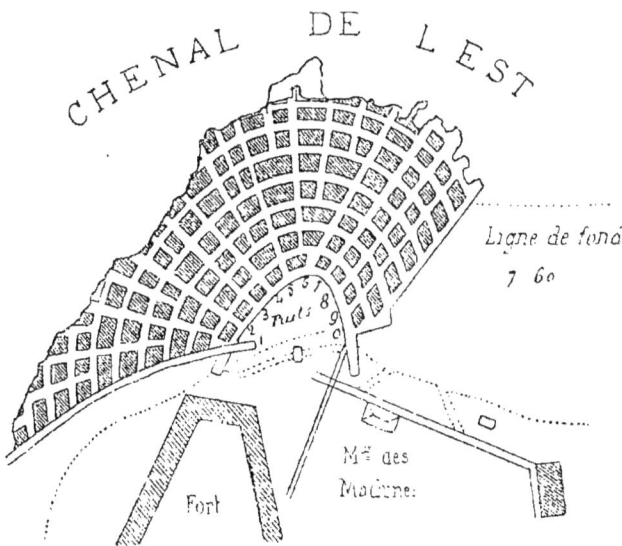

tunnels rayonnants, et de onze galeries transversales, laissant pour supporter le massif de la roche cent soixante-douze piliers naturels. La longueur réunie des tunnels et galeries était de 2262 mètres. Le déblai de la roche excavée fut de 37 827 mètres cubes. Le travail d'excavation a duré quatre ans et quatre mois, d'octobre 1869 à juin 1875. A cette dernière époque commença le travail de forage des trous de mine dans le massif supérieur et dans les piliers. Cette opération fut terminée le 25 mars 1876; il a été percé dans le massif 5375 trous de 3 pouces, et, dans les piliers, 1080 trous de 3 pouces, et 286 de 2 pouces, formant un total de 17 228 mètres de longueur de trous de 3 pouces (75 millimètres), et 578 mètres de 2 pouces (50 millimètres).

Le chargement des mines devait être fait de manière que tout en obtenant, d'un seul coup, la démolition du rocher, il ne se produisît ni projection, ni ébranlement susceptible de porter atteinte aux habitations voisines d'Astoria, de Ward's Island et de Blackwall. On ne devait donc donner à chaque charge que la puissance nécessaire pour détruire la portion du roc qui lui était assignée.

La quantité moyenne d'explosif nécessaire pour briser et déplacer un yard cube (0,764 mètres cube) ayant été trouvée par des essais préliminaires, de 0,97 de livre (362 gr^{es}), le coefficient variable de la formule, $P = c L^3$ a été $c = 0,23$, P étant la charge en kilogrammes, et L, la ligne de moindre résistance, en mètres. Les charges des trous de mine dans les massifs ont été réglées par cette formule; quant aux piliers, comme ils étaient

de forme et de hauteur très-variables, et qu'il
était de la dernière importance de les démolir
complétement, on a pris pour règle une livre et
demie d'explosif par, mètre cube de piles. Dans
certains cas, cette proportion a été jusqu'à deux
livres par mètre cube.

Le cube du massif et des piliers était de 63 153
yards (48 000 mètres cubes). La quantité d'explosif
employé a été, en livres :

Rend-rock 9,127
Poudre de Vulcain (Vulcan powder)..... 11,853
Dynamite 28,935
        Total 49,915

donnant 0,79 livre par yard cube (0^{k}468 par mètre
cube).

Le Rend-rock fourni par J. R. Rand et C°, se
compose de :

Nitroglycérine 33,4
Charbon 2,4
Résine 2,0
Pulp (fibre de bois ou de papier).......... 2,7
Soufre 6,7
Nitrate de potasse 52,8
        Total 100,0

La poudre de Vulcain de W. Warren, de :

Nitroglycérine................... 30,0 ⎞
Charbon.......................... 10,5 ⎟ 100
Soufre........................... 7,0 ⎟
Nitrate de soude................. 52,5 ⎠

La dynamite ou giant-powder n° 1, fournie par la compagnie Atlantique du giant-powder (agents Varney et Doe), se composait de :

Nitroglycérine.................... 75 pour 100.
Kieselguhr........................ 25   —

Les prix des explosifs étaient: le Vulcan-powder, 3 fr. 04 le kilogramme, le Rend-rock, 3 fr. 15, la dynamite, 7 francs. Les deux premières qualités, avec des charges proportionnelles à leur valeur, étaient considérées commesuffisantes pour briser le roc; mais, comme il était à présumer que les cartouches seraient, avec le temps, exposées à l'humidité, il fut décidé d'employer une certaine quantité de dynamite, comme moins susceptible d'être attaquée par l'eau.

La poudre de Vulcain était placée dans des boîtes en fer-blanc fermées à vis, avec des rondelles de caoutchouc pour empêcher la pénétration de l'eau. Le chargement des trous de mine, commencé le 7 novembre, a duré neuf jours.

L'opération suivante a consisté à introduire dans chaque trou de mine la cartouche-amorce, formée de 3/4 de livre (0ᵏ,340) contenus dans un tube en laiton. Le laiton a été préféré au fer-blanc, à cause de sa plus grande durée dans l'eau salée.

Chaque cartouche-amorce contenait en outre, comme détonateur, une fusée avec charge de vingt grains (1 gr. 30) de fulminate de mercure.

Les deux bouts des fils du circuit étaient insérés dans chaque fusée et réunis par un fil de platine de 25 millimètres d'épaisseur et de 6 millimètres de longueur. Les fusées étaient groupées par séries, au nombre de vingt, et chaque série était rattachée au circuit commun. Un fil d'arrivée et de retour était destiné à chaque groupe. Le temps employé pour placer les 3 680 cartouches-amorces, dérouler les fils d'aller et de retour et les amener en dehors des galeries, fut de deux jours et une fraction.

Les fils de raccord (conducteurs auxiliaires), variant en longueur de 6 à 10 mètres, étaient en fil de cuivre de 1 millimètre ; entourés par une enveloppe en gutta-percha, leur grosseur était de 2 millimètres 1/2. La quantité totale consommée a été de 36031 mètres. Les fils d'aller et de retour (conducteurs principaux) étaient des fils de cuivre de 2 millimètres ; entourés de deux couches de gutta-percha, leur grosseur était de 5 millimètres. Leur longueur variait de 80 à 200 mètres, et la quantité totale consommée a été de 44755 mètres.

Le chargement des trous avec les cartouches et les cartouches-amorces était la partie critique de l'opération. Pour assurer la régularité et éviter la confusion qui aurait été une source d'accidents, on dut prendre des précautions très-minutieuses.

Les batteries électriques comprenaient 960 éléments, zinc, carbone, divisés en 23 batteries distinctes. Chaque batterie mettait le feu à 160 fusées disposées en circuit séparées par groupes de 20 chaque. Le liquide était formé de $2^k,70$ de bichromate de potasse, 4 litres et demi d'acide sulfurique pur concentré, et 135 litres d'eau. Les batteries séparées étaient disposées dans deux châssis, de telle sorte que tous les éléments pouvaient être immergés au même moment.

Ainsi, le système consistait en 3680 mines et 23 batteries ; chaque batterie correspondant à 160 mines, séparées en 8 groupes de 20 chaque. Les mines de chaque groupe étaient réunies en circuit continu, et les fils d'aller et de retour, aboutissant à la batterie, fermaient le circuit. Il suffit d'expliquer la méthode employée pour une division de 160 mines pour comprendre toutes les autres.

Un fil conducteur partant de chaque division, formée de 8 groupes, était réuni à l'un des pôles de la batterie. L'autre pôle était réuni à une cheville en cuivre traversant un disque de bois hori zontal. Ce disque pouvait, par suite d'un mouvement, amener la cheville en cuivre à plonger dans une coupe pleine de mercure qui était fixée dans un second disque en bois horizontal placé au-dessous. Les 8 fils de retour de la même division étaient réunis dans la coupe en cuivre contenant le mercure. Au moment où la cheville plongerait dans le mercure, le circuit serait fermé, et les 160 mines formant les 8 groupes de cette division feraient explosion. 23 chevilles et 23 coupes de mercure étant disposées de la même manière sur les deux disques de bois horizontaux, au moment où le disque supérieur tombe sur le disque infé- rieur, doit avoir lieu l'explosion simultanée de toutes les mines.

Le disque supérieur était maintenu au-dessus de l'inférieur au moyen d'une corde traversant

une torpille de dynamite munie de son système
de détonation dont les deux fils aboutissaient à
une petite batterie située à une distance de 700 mètres. Il suffit donc de presser le bouton pour mettre la batterie en jeu, faire partir la torpille, cou
per la corde, et le disque supérieur s'étant abattu
sur l'inférieur, le circuit était fermé pour les
grandes batteries, et l'explosion totale eut lieu.

Les mines ont été tirées le 24 septembre 1876, à
2 heures 50 minutes. La veille à midi, on avait ouvert le siphon, et l'excavation entière s'étant remplie d'eau jusqu'au niveau naturel, chaque mine
avait été ainsi bourrée à l'eau.

L'explosion a été remarquable par l'absence de
tout choc fâcheux. L'élévation de l'embrun, des
vapeurs et des gaz a atteint environ 40 mètres ; la
quantité d'eau élevée a été très-faible ; il y a eu absence presque totale d'ondulations. La commotion
dans l'air n'a pas été sensible ; les vitres des bâti-
ments placés sur la digue et en particulier celles
de l'un d'eux qui se trouvait sur le bord même du
souterrain, n'ont pas été brisées.

La commotion sur terre a été très-faible, mais
cependant perceptible dans les villes de New-York
et de Brooklyn, seulement dans la direction du
rocher. Il est tombé un peu de plâtre dans une

maison à 150 mètres, et dans deux maisons à 600 mètres. Les faits nouveaux résultant de cette expérience sont :

1° Une quantité illimitée de matière explosive, distribuée dans des trous de mine en charges modérées, proportionnelles au travail à effectuer, soigneusement confinées dans le roc et bourrées à l'eau, peut faire explosion sans qu'il en résulte de dommages pour les environs.

2° Un nombre illimité de mines peuvent être enflammées simultanément par un courant électrique passant par les fils de platine des détonateurs.

Un exploseur électro-magnétique, en le supposant assez puissant, n'aurait pu convenir aussi bien dans cette circonstance. Ainsi, on a pu, par des essais préliminaires, s'assurer du passage du courant à travers les fusées. L'essai a été fait avant et après l'introduction de l'eau. Au dernier essai, deux des groupes de 20 chaque indiquèrent que le courant n'y passait pas. Il y avait en outre 782 charges qui n'étaient pas en communication avec les batteries, et qui devaient partir par la commotion.

Après l'explosion, un premier et rapide examen fait par les plongeurs a confirmé l'entière destruction du récif. On a commencé immédiatement

l'enlèvement des débris avec une drague à vapeur.

Le cube total démoli a été de 48 000 mètres cubes. Le montant des débris à enlever est très-in-
férieur au cube donné par cette démolition. Il est
probable qu'une partie des matières broyées par
l'explosion a été enlevée par le courant.

(Extrait du rapport de J. Newton, lieutenat-colonel du génie au
Brig. Gen. A. Humpreys, chef du génie à Washington.)

NOTICE

Ce nouvel explosif, inventé par M. Nobel, est formé de 93 à 94 pour 100 de nitroglycérine et de 6 à 7 pour 100 de fulmicoton soluble, ou collodion. Au moyen d'un artifice de fabrication, le mélange intime des deux substances donne un produit gélatineux solide, où l'huile explosive est complétement solidifiée. Aussi, quoique cet explosif appartienne encore à la famille des dynamites, comme ayant pour base la nitroglycérine, peut-il être considéré comme un corps entièrement nouveau et n'ayant même aucun similaire parmi les nombreuses compositions qui ont été mises par la science moderne à la disposition de l'industrie.

Ce corps, dont la puissance dépasse légèrement celle de la nitroglycérine pure, jouit des avantages caractéristiques de la dynamite ; enflammé par le contact d'un corps en ignition, il brûle en fusant et ne fait explosion que sous l'influence d'une détonation initiale, comme celle que l'on produit habituellement au moyen d'une capsule au fulminate de mercure.

Quoique d'invention récente, la gomme explosive a déjà subi des épreuves de conservation assez prolongées pour qu'on n'ait aucun doute sur sa stabilité. Des cartouches conservées à l'air pendant plus d'une année n'ont présenté aucune trace d'altération. Conservées dans l'eau. elles n'ont abandonné aucune trace de nitroglycérine et la matière n'a rien perdu de sa force.

La puissance supérieure de la gomme explosive tient évidemment à ce que les éléments qui entrent dans sa composition, carbures d'hydrogène et d'oxygène, y sont dans une proportion telle que leur combustion est plus complète que dans la nitroglycérine pure.

La gomme explosive éprouvée à l'air libre paraît se rattacher aux dynamites à détonation lente (voy. notre volume des *Explosifs modernes*), et produire des effets plutôt analogues à ceux du gun-cotton qu'à ceux de la dynamite normale. A l'épreuve de la plaque faite à l'air libre, une cartouche de dynamite-gomme ne donne pas à la plaque une courbure supérieure à celle que produit une cartouche de même poids de dynamite n° 1. Elle lui est même inférieure. En recouvrant les cartouches d'un obstacle, une poignée de terre humide par exemple, la gomme explosive reprend sa supériorité, mais sans dépasser cependant notablement la dynamite n° 1. Mais si les charges sont en partie emprisonnées, au mortier-éprouvette par exemple, la gomme accuse sur la dynamite une grande supériorité. Enfin si les charges sont entièrement confinées, comme dans un trou de mine, avec un bourrage suffisant, la gomme explosive manifeste toute sa puissance et surpasse la dynamite de 50 pour 100.

Cette particularité entraînera souvent pour le nouvel explosif l'emploi de récipients résistants. Pour certains usages militaires, par exemple, lorsqu'il s'agit de rompre ou de renverser un obstacle, en plaçant simplement la charge contre cet obstacle, la gomme explosive devra être placée dans des boîtes métalliques, mesure déjà adoptée en France pour la dynamite ordinaire et pour le gun-cotton.

Examinons l'influence que la découverte du nouvel explosif peut exercer sur les opérations de l'industrie et de la guerre.

Dans l'industrie, la gomme explosive remplace avantageusement la dynamite, dans le cas où il y a un intérêt évident à employer l'explosif le plus puissant, par exemple dans l'attaque de front d'une galerie, dans les schistes granitiques, et toutes les fois qu'il y a économie à obtenir un avancement rapide, en diminuant le nombre des coups de mine et le travail de la main-d'œuvre. Tel est encore le cas des sautages sous-marins, où la difficulté de placer les charges, les frais accessoires, l'emploi si onéreux des plongeurs, etc., font une loi de diminuer autant que possible les coups de mine et par suite d'avoir recours aux moyens les plus énergiques.

Mais où le succès de la dynamite-gomme paraît surtout assuré, c'est dans les usages militaires, pour lesquels on peut dire qu'il n'y a pas eu jusqu'à ce jour d'explosif parfaitement convenable. Les dynamites ordinaires, tout en présentant pour l'industrie une stabilité suffisante, quand elles sont bien conditionnées, ne répondent pas absolument aux *desiderata* de la guerre et de la marine. Une substance formée par le mélange simplement mécanique de la nitroglycérine et de ses absorbants ne peut, sans une certaine appréhension, être exposée aux péripéties si variables et quelquefois si violentes d'une campagne de terre ou de mer.

Cette considération a fait quelquefois préférer le guncotton comprimé, qui ne présente pas le même inconvénient et a, en outre, l'avantage de ne pas geler ; mais les doutes que l'on a toujours conservés sur la stabilité chimique du pyroxyle n'en permettent les approvisionnements qu'à l'état humide ; alors nouvelles difficultés : comment être assuré du degré d'humidité de *toutes* les parties de l'approvisionnement, pendant une longue conservation ? Comment se procurer rapidement et sans danger, dans toutes circonstances, le coton sec qui doit servir à la détonation du coton humide ?

Enfin, la sensibilité relative des dynamites ordinaires et du coton-poudre ne permet pas de les employer dans le chargement des obus, surtout pour les gros calibres de la marine.

L'imperfection des explosifs destinés aux usages militaires est démontrée par l'incertitude qui a régné jusqu'à ce jour dans les différentes armes et dans les divers pays pour adopter la substance la plus convenable au but que l'on se propose. Non content de mettre en ligne le gun-cotton comprimé et la dynamite, on en est réduit à essayer les mélanges picratés, et faute d'un explosif unique qui puisse convenir à tous les usages, chaque service cherche une matière qui puisse du moins répondre à ses besoins dans une certaine limite.

Il peut paraître prématuré de dire dès aujourd'hui que la dynamite-gomme a résolu le problème du véritable explosif militaire, cependant tout le fait présumer. Avoir le plus de puissance possible sous le plus petit volume et avec le moindre poids est le premier élément de ce problème. Il est résolu incontestablement.

La stabilité chimique ne peut être mise en doute pour ceux qui reconnaissent cette qualité d'une manière absolue à la nitroglycérine. L'expérience d'une dizaine d'années et même plus est concluante. D'ailleurs, la nouvelle matière peut être conservée dans l'eau et n'en être retirée qu'au moment de l'emploi, il ne peut donc y avoir aucune difficulté pratique à ce point de vue.

La stabilité mécanique est la conséquence du procédé de fabrication. Nous sommes convaincu qu'elle peut être obtenue d'une manière absolue.

Le nouvel explosif est doué d'une insensibilité relative

qui est de la plus grande importance pour les emplois militaires. Des cartouches de dynamite ou de gun-cotton faisant explosion dans le voisinage d'une charge de dynamite-gomme, dans des conditions telles que d'autres cartouches de dynamite ou de gun-cotton auraient infailliblement détoné, ne font aucun effet sur elle.

Enfin, certains artifices de fabrication permettent d'augmenter à volonté cette insensibilité; tandis que la dynamite et le coton-poudre font explosion sous la balle du fusil de guerre à de grandes distances, la gomme explosive insensibilisée d'après le procédé Nobel résiste au choc d'une balle Chassepot tirée à 25 mètres. Des expériences décisives l'ont établi.

La faculté de mettre entre les mains des combattants, sans dangers sérieux pour eux, un engin destructif d'une aussi grande puissance, doit avoir une influence considérable sur l'avenir des opérations militaires. La possibilité de charger les gros obus de la marine et les torpilles mobiles avec ce nouvel explosif entraînera l'abandon des cuirasses et des blindages.

Cependant ces résultats ne seront pas obtenus sans étude prolongée et sans tâtonnements, mais la voie est ouverte aux ingénieurs militaires, c'est à eux qu'il appartient aujourd'hui de tirer le meilleur parti possible de la nouvelle découverte de M. Nobel.

L. R.

TABLE DES MATIÈRES.

Typographie Labure, rue de Fleurus, 9, à Paris.